AAA教育 编著

脱颖而出

职场开拓人生，工作改变命运

清華大學出版社
北京

内容简介

本书指导职场新人迅速适应职场环境，通过遵从科学有效的职业指导，迅速达成“脱颖而出”的职业发展目的。凡事预则立，不预则废。职场新人首先要明确自己的职业发展目标。之后，矢志不渝通过刻苦严格的职业锻造，逐步掌握高、精、专的执业技能，在大量的职业实践中检验并优化自己的能力和意识结构，“脱颖而出”实现从必然王国到自由王国的质的跨越。

图书在版编目（CIP）数据

脱颖而出：职场开拓人生，工作改变命运/AAA教育编著.—北京：清华大学出版社，2021.9
ISBN 978-7-302-59033-0

Ⅰ.①脱… Ⅱ.①A… Ⅲ.①成功心理－通俗读物 Ⅳ.①B848.4-49

中国版本图书馆 CIP 数据核字（2021）第 173480 号

责任编辑：黄　芝
封面设计：刘　键
责任校对：李建庄
责任印制：杨　艳

出版发行：清华大学出版社
网　　址：http://www.tup.com.cn，http://www.wqbook.com
地　　址：北京清华大学学研大厦A座　　**邮　　编：**100084
社 总 机：010-62770175　　**邮　　购：**010-83470235
投稿与读者服务：010-62776969，c-service@tup.tsinghua.edu.cn
质量反馈：010-62772015，zhiliang@tup.tsinghua.edu.cn
课件下载：http://www.tup.com.cn，010-83470236
印 装 者：小森印刷霸州有限公司
经　　销：全国新华书店
开　　本：186mm×240mm　　**印　张：**19.75　　**字　　数：**289千字
版　　次：2021年9月第1版　　**印　　次：**2021年9月第1次印刷
定　　价：79.80元

产品编号：092099-01

序

每位即将踏入社会开始独立生活的人，都多少会有些惴惴不安。内心的茫然源于对未知世界的恐惧。这片从未涉足的“土地“流传着各种传说，有一战成名的荣耀，也有折戟沉沙的挽歌，何去何从着实令人手足无措。

本书会告诉您：

踏上这片土地前要做哪些准备；

梦想征途中要恪守哪些准则；

改写命运须执行哪些程序。

本书通过逐层透视来解析职业人初入社会的心理预设、执业习惯的养成要点、与外界交往的度量器识、持续运转的激励机制等，全方位构建职业人个个鲜活可见的断层剖面，以此立体呈现职业人“脱颖而出”的实现机制。不但告诉您做什么，更告诉您为什么。

希望本书在您心头燃起一把烈火，这把熊熊烈火一经点燃便永不熄灭。

2021 年 6 月

目录

第一章　预

第一节　立命　002

第二节　合一　032

第三节　苦涩　056

第二章　行

第一节　责任　082

第二节　执行　110

第三节　专一　134

第三章　心

第一节　坦诚　160

第二节　情绪　174

第三节　言事　200

第四章　立

第一节　自省　232

第二节　学习　244

第三节　灭生　278

跋　306

AAA 教育　307

合一

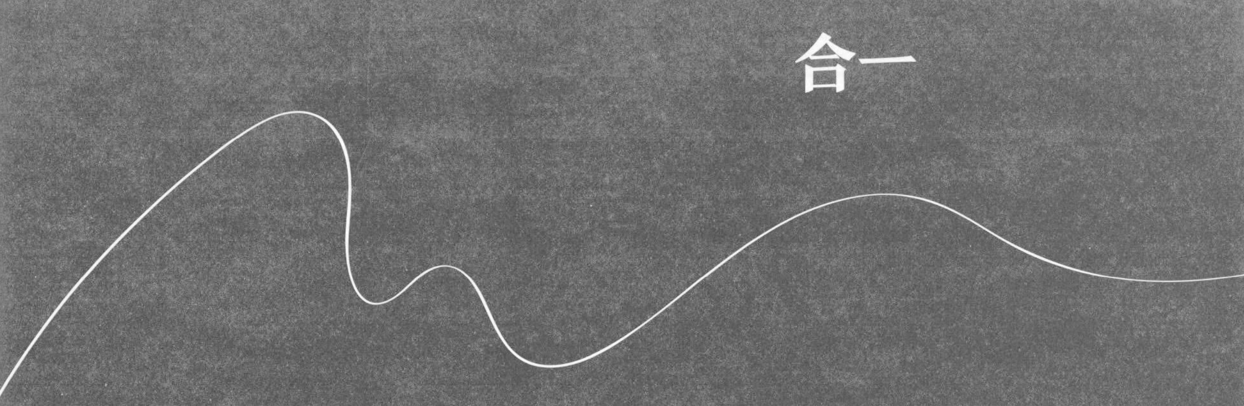

立命

苦涩

第一章 

第一节 立命

确　定　攀　爬　职　业　高　峰　的　路　线　。

人的一生，有两个生命，一个是自然生命，另一个是职业生命。任何一个人来到世界上，都需要以工作养活自己，用职业生命更好地延续自然生命。虽然职业生命只占据了人生约 1/3 的时间，但是它影响的却是整个人生。它是人们践行生命意义的一种手段，可以将生命的意义发扬光大。职业生命对我们的人生至关重要！

对于一名即将踏入职业生命的学生来说，这期间的变化是巨大的，意味着即将从一名学生成为一名职业人，从象牙塔走向多姿多彩的社会，从被呵护到自食其力，从学习的被动接受到执行的自主自发、积极主动。这是人生的一个重要且巨大的转折点，**我们要在这个社会上安身立命，要让自己的生活有所着落，精神有所寄托，要开始一个人独立生存。**这里所说的转变除了身份的转变、生活模式的转变之外，最重要的是心态、思想、态度的转变，因为只有内心转变，才能更好地迎接外部的变化。

对于很多初入职场的年轻人来说，进入人生的全新阶段时，往往会呈现手忙脚乱、心态不稳、焦虑或者急于求成的状态。所以，在踏入职场之前，**我们首先要做的就是调整好自己，抱着会脱颖而出的信心，把人生调整到工作模式，踏入职业生命。**

在此之前，我们要想清楚：人生的意义何在？人生的目标是什么？这一辈子要做些什么？也要想清楚：要从事什么样的工作？为什么要从事这份工作？这份工作背后的目的是什么？意义是什么？这份工作能够带给自己、他人、社会什么？然后带着一种使命感踏入职场，这样就不至于迷茫，走出的每一步都是坚定且清晰的。

同时也要想清楚在职场中所敬仰的、畏惧的究竟是什么。无论在职场发生什么样的事情，我们能否忠诚于自己内心，忠诚于自己的职业，忠诚于自己的企业？还要想清楚现在的我们是多么期待得到一份工作。如果找工作的过程并非想象的那么一帆风顺，我们又是否愿意感恩这一切？我们是否能够感恩所在的企业、我们的同事？在得到别人帮助的时候，能否记住他们的好然后回馈他们？进入职场之后要做些什么去回馈多年养育我们的父母？如何对待工作来回馈我们所在的企业？我们能做些什么来回馈这个社会？能为他人做些什么？

把这些都想清楚之后，再走进职场吧！我们身上带着的是一种使命，它坚定且明确，我们忠诚于这个使命，愿意经受任何困难，此时我们内心坚定、目标清晰、心存感恩、排除万难，在属于自己的职业里安身立命，直到实现自己的梦想！

一 / 使命

（一）什么是使命

社会是由人构成的，人的行为构成了多姿多彩、多种多样的社会活动，在社会发展的进程中，**我们个体虽然无法主宰社会的发展和命运，但却可能在某一领域或者某一环节影响社会的运行质量和速度，而使命就是我们对“个人-社会”关系的认同感和贡献感。**如此来看，不管我们是否愿意，不管我们是否认可，每个人其实都与这个社会有着千丝万缕、或大或小的关联使命。看到了，认可了，我们就有了使命感。

有了使命感我们就会坚持去做一件事情，这件事情我们坚信它是对的，所以这件事情我们非做不可，并且我们也有能力做好它。它就是我们的人生目标、活着的方向以及意义，同时它也是我们扛在肩膀上的重大责任。

人生有了使命就像一艘航行在茫茫大海的船找到了方向，当一个人知道自己的人生目标是什么，知道这一辈子要做什么，知道自己的人生意义是什么，就不会在人生的航行中迷失方向。当一个人所做的每一件事都是为了实现这个使命，那么，在追求使命的过程中，他的内心会产生强烈的工作热情，就能够战胜困难和障碍。人，不仅仅是为了活着，使命感让人活得更有价值感、尊严感和存在感。

说起晋商的代表人物乔致庸，相信大家耳熟能详。乔致庸本来计划考取功名，不料乔致庸大哥因为南北茶路断绝导致自家生意受到重创而一病不起，并在乔致庸考试当天一命呜呼。于是，本来将以一介儒生终了的乔致庸迫不得已接手家族生意，弃学从商，从而彻底改变了自己一生的轨迹。在商海沉浮中，他以“造福天下商人”为使命，悟出想要“货通天下”，必须以“汇通天下”来实现。他受到俄罗斯商人的启发，创办了银号，也就是今天银行的前身。天下开始流行票号，人们再也不用拉着装满银子的马车担惊受怕。“汇通天下”是乔致庸一生最大的愿望，它的最终实现，为中国的金融业发展奠定了一定的基础。

在电视剧《乔家大院》中，乔致庸的老岳父临死前说："我这辈子辛辛苦苦，从无到有，攒了那么多银子，觉得自己了不起，做了那么多事情……可自从有了乔致庸这个女婿，我才明白，我做了那么多事情，还顶不上他'汇通天下'一件事。"

在100多年后，一个肩负"让中国造企业走向世界，让世界爱上中国造"使命的传奇人物出现了。董明珠，在36岁时重新选择和定位自己的人生，经过三十多年的打拼，终于成就了人生传奇，同时也成就了格力的传奇。

长久以来在某些国家眼中，"made in China"代表的就是廉价和次品。格力就是要让中国制造能够与世界先进国家的制造水平比肩，让格力成为家喻户晓的品牌，让每一个家庭提到格力空调都能竖起大拇指。格力还要出口技术，引领世界的技术升级，传递中国文化与精神，让中国制造摆脱旧日的既成印象，让全世界的消费者重拾对中国制造的信心。

早在2005年，格力电器就已经宣布走出国门，其家用空调的全球销量突破了一千万台，近几年，这个数字更是稳步上升。如今，格力电器重塑了中国制造在世界上的地位，改变了长久以来国际上对于中国制造的种种认知。

董明珠初入格力，只是一名小小的业务员，那个时候，她连空调是什么都不知道，但却凭借着强大的工作能力和"死磕"精神，每年都是格力的销售冠军，业绩非常突出。就在销售事业如日中天的时候，她选择走上格力的管理层，工作性质随之发生了天翻地覆的变化。

董明珠上任初期，格力无论是管理还是营销，都存在着大量的问题，而公司之所以选择董明珠，是因为她不仅有着很强的责任心和义务感，更难得的是她还具有思想和悟性，她的身上担负着扭转格力现状的使命。而在成就格力之后，董明珠更是背负上了更伟大的使命，那就是"让世界爱上中国造"。

乔致庸和董明珠身上有一个非常重要的相似点：都是背负使命开始了一段传奇。他们知道自己的愿景，知道自己的目标，更知道自己生命的意义。是使命让他们找准了人生的方向，人生的航向开始发生转变。正是对使命孜孜不倦的追求，才让他们告别平庸，成为备受尊重的成功人士。

（二）成功人士有别于平庸之士的明显特质是具有明确的使命感

纵观古今中外的成功人士，我们会发现，成功没有任何捷径，更没有什么灵丹妙药，但是这些成功者身上又确实拥有一个共同的特质，拥有这个特质的人，绝大部分都能抗拒沉沦、不拘平庸、超越自我，度过有意义的人生。这个特性就是明确的使命感。拥有明确的使命感是成功人士有别于平庸之士的明显特质之一。总有人把别人的成功归因于外力相助、机遇垂青，从而感叹自己的命运不济、无人赏识。殊不知成功者之所以成功是因为他们有更明确的使命感，从而激发更高的自主性、更强的耐力和更持久的热情。

“活着就是为了改变世界”——这是苹果之父乔布斯一生的写照，更是他活着的意义和使命。这个使命改变了乔布斯的人生，同时也缔造了诸多奇迹。他是一流的发明家和企业家，苹果公司的创始人，NEXT 的缔造者，皮克斯的 CEO，他创造了诸多改变世界的发明，从 iPod、iPhone 到 iPad，他用一个个近乎完美的电子产品，改变了一个时代。

在他 56 年的人生中，乔布斯实现了众多伟业，他的 Apple Ⅱ 开启了个人电脑时代，iPhone 推动了智能手机的革新大潮，iPod 开启了音乐产业的革命，iWatch 则让更多人的运动方式更加多元化……乔布斯和他被咬了一口的苹果对整个世界产生了深远的影响。

如果不是乔布斯最初允许微软使用自己的图形界面技术，那人们现在还在背 DOS 命令；如果不是苹果做出世界上第一个商用鼠标，那么现在人们还只能靠键盘输入；如果不是苹果定义了现代笔记本电脑，很可能今天人们只能坐在家里用台式机。

他改变了人们的生活，重新定义了整个行业，并获得了人类史上最罕见的成就之一——改变了每个人看世界的方式。

他活着，改变了世界。

一个人有明确的目标，有长期的发展愿景，有伟大的使命感，那么他的人生就是有意义的，就是有价值的。二战中有一位传奇英雄：巴顿将军。他曾参加过两次世界大战，在他面前，没有不可逾越的鸿沟和无法战胜的困难，他对目标的追求坚定不移，他能够成为战功赫赫的将军，就在于内心自始至终的使命感，他将这种使命感化为动力和激情，督促自己勇往直前，这种使命感让他在枪林弹雨、硝烟密布的战场上无坚不摧、所向披靡。

强烈的使命感能够让人为自己树立远大且长期的目标，并让人产生为此奋斗的激情和勇气。强烈的使命感带给人无尽的工作激情和生活热情，从而承担应该承担的责任，完成应该完成的任务，度过更有意义的人生。当人们能够坚定内心的使命感，树立目标，并朝着这个目标不断奋进的时候，就会发现人生之路是清晰的，奋斗过程是充满激情的。

三国时期，刘备三顾茅庐，于兵败危难之际请诸葛亮出山，而后诸葛亮辅佐刘备及刘禅，自始至终，死而后已。由此可见，有使命感的人首先能够被他人所信任，给他人以安全感，并被委以重任；其次，有使命感的人不会因为某些原因背弃自己的目标，他们能够勇往直前、拼尽全力、鞠躬尽瘁、死而后已。

每个人活在世上都应该有自己的使命，使命可能没有那么宏大，但是，只有有了使命，人生才是有意义的人生。**在职场，我们更需要带着使命感去工作，**

因为要知道自己的职业生涯该往哪里走，知道职业目的，知道做这份工作的意义，这样我们的职业之路才能走得更远。

彼得·德鲁克在《卓有成效的管理者》一书中，写了一个非常有名的故事，十分形象地道出了使命的意义和作用：一家公司请来三个工人砌一堵墙，三个人有条不紊地干着活，但是表现出来的工作状态却完全不一样。

第一个人愁眉苦脸，第二个人面带微笑，第三个人兴高采烈。路人就感到奇怪，于是就有人问他们："你们三个在干什么呢？"第一个工人面无表情地说道："你没长眼睛么？连我在砌墙都看不出来吗？"第二个人笑笑说道："虽然我们做的是砌墙的工作，但是这堵墙砌好以后，他们会在这堵墙的基础上盖一座高楼，所以我们可是在盖高楼哩！"第三个人满面红光地说道："何止！这座大楼盖好以后，可是这座城市一部分，这座楼会让这座城市更繁华，所以，我们难道不是在建一座城市么？"

十年过去了，曾经觉得自己只是在砌墙的工人还在工地上砌墙，依然愁容满面；第二个觉得自己在建高楼的工人拿起画笔，开始设计另一座高楼，他现在是工程师了；而第三个觉得自己在建设城市的工人则眼看着一栋栋高楼在他的脚下拔地而起，他现在已经成为了两位工人所在企业的管理者。

这三个人做的事情本身并没有任何差别，**他们在做同样的事情——砌墙，但是却各自为这件简单的事情赋予了不一样的目的与意义，也给予了自己不一样的使命。**第一位工人就事论事，砌墙就是砌墙，他看不到自己做这件事情的目的，这项工作对他来说仅仅是一件养家糊口必须要做的事情，不在这里砌墙，他可能会在别的地方砌墙。因此，他不会关心除了报酬之外的任何东西，他会经常换工作，迫不及待地退休，同时他也很难从砌墙这项工作中获得主动性，他是在被动地工作，毫无成就感可言。

第二位只看到了自己做完这件事情的结果。对他来说，这份工作是职业，他可以获取更多的成就感，也会更加积极主动，甚至会享受自己的工作。但是他关注的是自己的提升和进步，认为沿着这一轨迹能不断升值，获得更高薪酬，找到更好的工作。

而第三位工人看到了这件事情的目的和背后的意义，看到了自己做完这件事情，自己所在的城市和城市中人们将会拥有怎样的改变。他带着使命感来做一份普通的工作，所以他的工作状态更积极，也更能在工作中体会创造的快乐，他对工作的满意度和成就感是最高的。工作就是他生命中最重要的一部分，他也愿意把自己奉献给工作，是工作彰显了他生命的意义，他也深信自己的工作能让世界变得更美好，愿意并鼓励自己的孩子从事这类工作。毫无疑问，当他把工作视为使命时，工作也将给予他更多。

对于即将走上社会的准职场人，首先要做的就是要知道自己工作的意义和目的是什么，赋予工作使命感。**任何一项工作都有其自身存在的意义，都不是独立存在的。任何一项工作都能够给我们带来成就感。**

刚进入职场，想要赋予自己所做的工作一个高大上的使命感可能并不容易，毕竟我们做的只是企业当中比较基础的工作，岗位职责已经明确了要做什么，不要做什么，能做什么，不能做什么。那么我们该如何赋予自己工作的使命呢？其实很简单，**只要了解企业的发展愿景、目标、宗旨，然后把自己所做的工作和企业的愿景等结合起来：企业追求什么，我们的工作就追求什么；企业想成就什么，我们的工作就想成就什么。**就这样重塑自己的工作，在完成自己岗位职责之内的工作之外，想一想，还能做些什么去帮助企业更快更好地发展。这样，我们就会发现做的每一项工作都是有意义的，做的每一项工作都会让所在的企业更快地实现其发展目标。即使入职的时候只是个基层的工作人员，用不了很长时间，也能够成为企业发展的中坚力量。这样的员工，在企业中的成长速度是非常快的。为自己的工作注入使命，知道自己从哪里来，往哪里去，职业生涯才会有意义！

二 / 忠诚

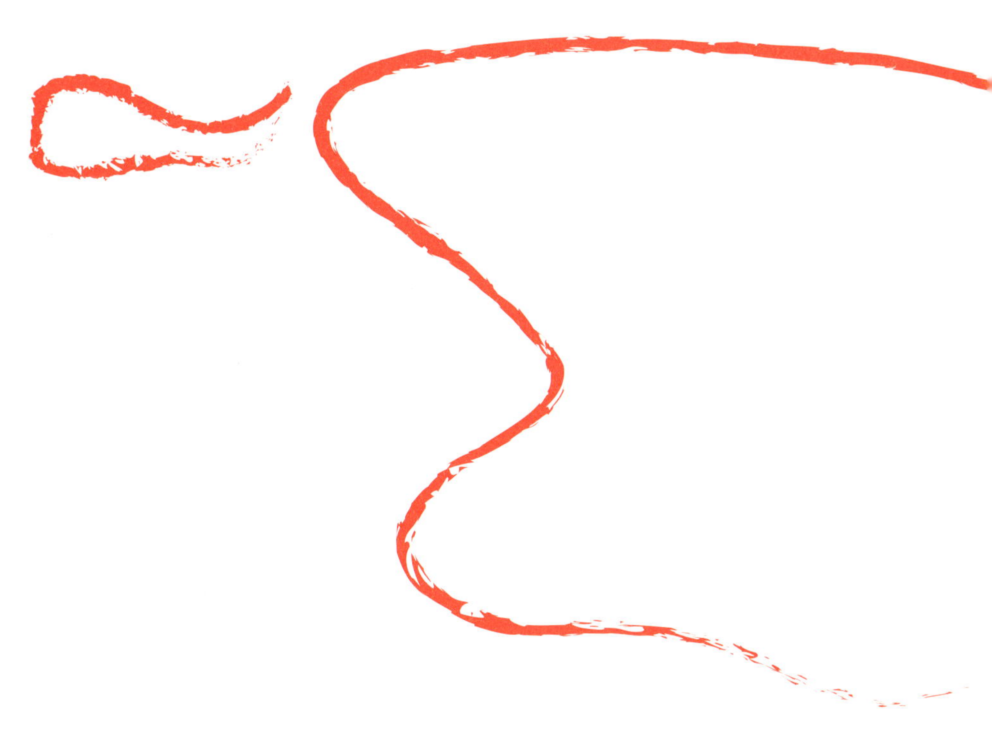

很多人，在人生的旅途当中，都肩负一个使命，都抱有一个目标，都朝着自己的方向不断地努力。但是，前进的道路并不会一帆风顺，不可能每个使命都能实现，不可能每个目标都能达成。在追求使命的路上，我们会遇到很多很多的困难和障碍，这时候，有些人会怀疑自己的追求，会退缩。那么，再明确的目标也无法实现。但是，总有那么一些人，会义无反顾地把困难和障碍踩在脚下，坚定地继续前进。**究竟是一种什么样的力量支撑他们走下去的呢？答案就是忠诚，对使命的忠诚，对事业的忠诚。**没有忠诚，遇到困难的时候，我们会怀疑追求的使命是否正确，是否值得付出，会在困难和障碍面前低头，会坚持不下去。所以，在巨大困难面前也能够孜孜不倦地追求自己使命的人，对使命和事业一定是无比忠诚的。

（一）什么是忠诚

很多公司，尤其是那些基业长青的组织，在用人方面，都无一例外地对“忠诚”无比青睐。例如，索尼有这样一个招聘原则：“如果想进入公司，请拿出你的忠诚来。”应聘者能否进入公司，索尼首先要看的并不是能力，而是对公司的忠诚度。再如格力公司的企业精神中“忠诚”赫然排在第一的位置。由此可见，无论是招聘还是提拔，对于企业来说，忠诚是必要因素，没有忠诚度的员工，其职业之路一定是越走越窄。忠诚到底是什么？为什么忠诚会成为企业最为看重的员工品质呢？

“忠”就是心中无二，始终如一，“诚”就是说到做到。当一个人面对一件事时能够心无旁骛、始终如一、说到做到，就会赢得别人的认同以及更多的机会。

日本的“经营之圣”稻盛和夫先生在大学毕业后进入松风工业，这家公司的主要业务是制作绝缘瓷瓶。不过彼时，松风工业已经濒临破产，连工资都无法按时发放到员工手上，跟稻盛和夫先生一起入职的人看到这样的状况，都无比失望，纷纷选择了离职，最后只剩稻盛和夫先生一个人留了下来。

当时稻盛和夫先生并不是没有动过离开的念头，但是他又转头一想：“仅仅是因为不满意就离开，一点成绩都没做出来岂不是白来了？”于是稻盛和夫先生决定先埋头工作，用自己的努力工作挽回局面。

从此，他全身心地投入工作，他所做的研究是最尖端的新型陶瓷，为了能够心无旁骛，稻盛和夫先生干脆吃住在实验室。企业的发展、工资能不能按时发，都已经被抛在脑后，他只关注一件事，那就是工作。当然，因为是最尖端的研究，光靠死劲儿是不够的，所以，稻盛和夫先生一边做实验，一边订阅关于新型陶瓷最新的专业论文杂志，还跑到图书馆借来很多书籍，进行学习提升。

在这样拼命努力的过程当中，不可思议的事情发生了，稻盛和夫先生大学期间所学到的有机化学知识以及毕业前突击学到的无机化学知识，再加上没日没夜的钻研，竟然一次又一次地取得了出色的科研成果。同时，稻盛和夫先生的成就感越来越强，工作劲头也越来越足，也得到了周围更多人的认可和尊重，他觉得原来的辛苦没有白白付出。在他的努力下，原本濒临破产的松风工业竟然起死回生了，稻盛和夫先生的付出也得到了更多的回报。人生开始越走越顺。

由此可见工作就是一场修行，通过工作，职业人能够得到丰硕的精神和物质的回报。无论外界环境怎样风云变幻，都要忠诚于自己的工作，付出百分之百的努力，我们想要的，最终，工作都会给予我们！

能够把工作当修行，我们才能始终如一、心无旁骛，不被其他事物、其他人和其他变化所左右；我们才能克服重重困难，才会坚持做下去，实现目标，达成结果；我们才不会在乎工作给我们带来的短期收益，才会去追求一种工作极致。所谓匠人精神就是这个意思。

职场匠人精神并不单纯就是指那种如同卓别林在电影《摩登时代》中所展示的不断重复的机械性工作的精神，它更深层次的意义在于对待工作的执着追求，始终如一的忠诚，还有追求极致和完美的精神。纵观职场，有些人在不同的企业间跳来跳去，不同的行业间换来换去，今天还在房地产，明天看环保行业好就跳槽去了环保行业，后天又跑到食品行业；今天想做销售，明天想做行政，大后天觉得做人事也不错……这就是缺乏对自己职业的忠诚，因此不会产生强大的职业使命感，缺乏坚持到底的追求，最终可能一事无成。

（二）忠诚是最丰盛的投资回报

在一项针对优秀企业管理者的调查问卷中，当被问到“你认为员工最重要的品格是什么”时，管理者们几乎无一例外地选择“忠诚”。对于管理者来说，忠诚无疑是员工最基本也是最核心的品格。正如比尔·盖茨所说：“忠诚是员工一切美德之首。”

董明珠之所以能受到格力员工和领导认可，之所以能够让全世界认可格力，最重要的原因就是她对事业极端忠诚。她从来不会做违背自己事业原则、违背格力发展的事情，这种忠诚让她无论遭遇了什么样的困难，都始终忠诚于格力，忠诚于自己的事业。

在格力 1994 年的集体辞职中，董明珠选择坚定地站在格力一边。

1994 年秋冬交接之际，格力电器发生了著名的“集体辞职”事件。主管销售的副总和营销人员集体跳槽到竞争对手的公司。事情的起因在于格力大幅缩减了销售人员的提成，将原来的提成比率下降了0.28%～0.38%，而这引起了销售人员的极度不满。他们认为，1994年格力销售业绩良好，甚至连库存积压都卖了出去，这些都是销售人员的功劳，格力利润水涨船高的同时，却大幅度地降低销售人员的待遇，这实在令人难以接受。一位分管销售的副总更是被竞争对手高薪挖走，对方给出高于格力10倍的提成条件，可以说相当诱人，格力电器营销部的人员因此集体跳槽而去，这就是著名的格力“集体辞职”事件。

竞争对手的高薪聘请，对董明珠及她的同事们震荡不小。而此时，像董明珠这样的金牌业务员，自然更炙手可热，有企业已经将她的年薪开到了200万元。但是，董明珠却依然坚定地站在格力这一边。不久后，董明珠的这个举动就受到了董事会的一致推崇，她临危受命，升任格力电器营销部长，开始带领遭受劫难的格力绝地求生。

只有忠诚于自己的职业，才会去遵守本职业的原则，严格要求自己的行为准则，追求极致。职业会伴随我们走完一辈子，我们未来的职业生涯发展，未来成为什么样的人，拥有什么样的生活和事业，企业和领导都只是个载体，但是你要在自己的职业里摸爬滚打一辈子。忠诚与权势、利益等无关。对职业的忠诚并不仅仅是为了从职业中获取某种利益，而是将自己的工作当成自己最亲密的伙伴，每一次任务都尽自己最大的能力做到最好，无论它是大事、小事抑或是获利多、获利少，都把它做好，这是职业忠诚。

身在职场，对领导忠诚，对企业忠诚，对职业更忠诚，这就意味着我们不会做违背职业良心和规则的事情，对职业有一种敬畏之心。**忠诚于自己的职业标准，忠诚于自己的职业原则，才会让我们真正地把自己的职业当成目标和使命去追求，而且在我们对职业忠诚的过程中，它也忠诚于你。**

除查理·贝尔外，麦当劳从来没有任命过除了美国人之外的CEO，他的出现可以说是一个奇迹。贝尔在麦当劳的职业生涯始于1975年，那年他15岁，穷困潦倒，常常吃了上顿没下顿，身上的破衣服更是无法抵挡寒冷。于是贝尔来到麦当劳，想谋得一个职位，店长彼得·里奇看贝尔一脸的窘相，身体消瘦，担心他吃不消，因此委婉地拒绝了贝尔。

谁知道过了几天，贝尔又来了，恳求店长哪怕没有报酬，只要能填饱肚子，什么样的工作都可以接受。彼得·里奇依然没有吭声，贝尔看到一丝希望，小声说:“要不然请安排我去打扫厕所吧！我看到您这里厕所的卫生状况似乎不太好，这样会影响您的生意。”彼得·里奇于是答应试工三个月。

扫厕所的活可以说是又脏又累，但是贝尔却完全没有嫌弃，干得又快又好。而且，他还闲不住，打扫完厕所，他还会去帮助别的同事清理地板，到厨房帮厨，给面包翻面等，手脚勤快的贝尔得到了同事们的一致好评，也被店长彼得·里奇看在眼里，记在心上。于是，他有意培养贝尔，让他接受麦当劳不同岗位的员工培训，并让贝尔不断熟悉各个岗位的工作流程和标准。

没过几年，贝尔就已经对麦当劳门店的管理、运营和服务无比熟悉。19岁那年，是贝尔来到麦当劳工作的第四个年头，也是在这一年，他成为了澳大利亚最年轻的麦当劳门店经理，43岁时，贝尔成为麦当劳全球的CEO。

贝尔忠诚于自己的职业，即使是扫厕所、擦地板这样的脏活累活，他也能踏踏实实地完成，而这一切都被自己的主管看在眼里。对于主管来说，聪明能干的员工不在少数，贝尔也并不比他们更机灵，但是论对工作的踏实和忠诚，别人就比不上他了。

在主管看来，能力固然重要，但是比能力更重要的是忠诚，对企业的忠诚，对工作的忠诚。所以，他才愿意去培养这样一个忠诚踏实的员工，因为他值得信任，他有对工作的责任感和担当，也正是如此，贝尔才能够在企业的培植下，逐渐成长起来，忠诚带给他的是远远高出他所期待的回报。

员工需要德才兼备，这才是企业重点的培养对象，这是蒙牛创始人牛根生著名的用人理念。**身处职场，员工的“才”指的是工作能力，而员工最大的“德”，则莫过于忠诚**。忠诚是职场最基本的准则，是契约精神的体现。当我们与企业确定劳动关系的那一刹那，这一准则就会注入我们的血液。对我们来说，忠诚意味着受人之托，忠人之事，我们承诺企业的一定要兑现。我们忠于企业，忠于企业的发展，为此我们需竭尽全力，容不得任何闪失和折扣。

在企业管理者眼中，员工的技术、能力就像是光鲜的外衣，但揭开所有表象，忠诚才是最鲜亮的底色。它决定着员工的处事态度，从而影响工作中的种种行为，最终决定结果。

一个人忠诚，意味着他的行为可以被预测。企业愿意培养这样的人，更愿意把重要的工作交给他们去做。一个缺乏忠诚感的人，企业反而会有所顾忌，能力越强，越不敢用。有才有德，破格录用；无德无才，坚决不用。如果说能力是职场的硬实力，忠诚就是闯荡职场的软实力。在能力上，初出茅庐的职场新人往往不具备绝对优势，此时，忠诚就是最重要的保护色，更是在职场上畅通无阻的特别通行证。以忠诚之心铸就的个人职业品牌，是在职场上强大的竞争力。手握忠诚，职场新人也能在一众资深员工中脱颖而出，踏上职业坦途。

三 / 感恩

（一）懂得感恩是成功人士的特质

曾有人通过一张表格，形象地总结出了成功人士和非成功人士的一些特质。成功人士的很多特质都是备受推崇的，像凡事有计划、持续学习、愿意把自己的想法分享给别人等。在他们身上，还有一些特质是值得初入职场的我们去勉励自身的，如心中怀有感恩、赞美他人、善于原谅别人……其中最重要的一点就在于，我们要怀有感恩之心，因为懂得感恩会使人拥有更积极的态度，更具有团队凝聚力。所以，感恩是成功人士的一大特质，拥有这个特质的人距离成功更接近。

有一位年轻人名叫史蒂文斯，大学毕业后参加了一家软件公司的招聘面试。他凭借出色的能力，顺利地通过了面试和笔试，但是由于这项工作竞聘者众多，在第三轮面试中他被淘汰了。不过他并没有因此心生怨恨，而是回家之后给这家公司写了一封感谢邮件，他在邮件中写道："昨天有幸参加了贵公司组织的面试，虽然最后没能进入贵公司，但是通过这次面试，我看到了贵公司的诚意，整个面试过程让我学到很多。也感谢你们花了那么多的时间和精力为我提供了此次面试和笔试的机会，让我获益匪浅，非常感谢！"

这位年轻人的感恩之情在三个月后为他带来了巨大的惊喜，他接到了这家公司的入职邀请。原来，他的那封感谢邮件给公司的人力资源经理留下了深刻的印象。当公司职位出现了空缺时，公司人力资源经理第一个想到的就是这位充满感恩之心的年轻人。

试想，如果没有这封感谢信。史蒂文斯就会如同众多的竞聘者一样，面试失败，石沉大海，他只不过是曾经来过公司的一个普通求职者。很快，接待人员会忘记他，初试官会忘记他，复试官也会忘记他。但是如果你是面试官，一位面试失败的求职者回去后给你寄来了一封感谢信，感谢你在他身上花费的时间和精力，记得你对他的好，相信你也会为之感动，你会记住这个人，并且下次有机会的时候，你会愿意将机会给他。对于史蒂文斯来说，感恩带来的是机会，而他在得到这个机会之后，会更加感恩，并付出全部精力做好工作。所以在当初众多面试者当中，他走向了成功，这一切正是因为他始终怀着一颗感恩之心。

无论发生什么样的事情，我们始终要怀有感恩之心，对人，对事，对物。在职场中，我们要像史蒂文斯一样永远记得别人的好，哪怕是面试没有通过，也感激对方付出的时间和精力；同时也要用自己的实际行动回报别人对我们的好，像史蒂文斯一样，进入职场，努力工作，做出成绩，回馈企业给自己的机会。**而怀有一颗感恩之心，也会在不久的将来加倍地反馈给我们自己，**最大的受益人依然是我们自己。

（二）感恩的基本层级——记得别人的好

感恩之心有两个层级，最基础的感恩层级是要记得别人的好。就像史蒂文斯一样，哪怕面试没有通过，他还要把公司提供给他的这个机会深深地记在心里，并且表达出自己的感恩之心。别人帮助我们，在我们困难的时候施以援手，我们要记在心里。做人，要记住别人的好，这是做人做事的基本原则。朋友对我们好，我们要记住，这样才会拥有更多真心的朋友，才会得到更多的帮助；在职场，更要记住别人的好，领导培养我们，我们要记住，这样才能更加虚心地接受批评和建议，才能更快地进步；同事热心帮助我们，要记住，这样才会少一些矛盾，多一份默契，工作起来游刃有余。记住别人的好，就是怀揣一颗感恩的心去工作和生活。记住别人的好，别人才会对我们越来越好，才会在你困难的时候，伸出援手，才愿意在你求助的时候，给予帮助。这样做，我们自己也将收获到更多的东西。

（三）感恩的较高层级——回馈别人的好

感恩的较高层级就是要回馈别人的好。在我们遇到困难的时候，别人热心地帮助了我们，可能并不图什么，单纯就是为了帮助我们。例如说，初入职场的新人，由于缺乏相关的工作能力和经验，工作起来没有那么得心应手，这个时候，领导耐心地辅导我们，同事热心地协助我们……他们并不是要我们拿一些礼物去回馈，而是帮助我们快速地成长，能够独当一面。而宝贵的职场经验和能力提升，将会是我们将来在职场赖以生存的根本。这些都需要我们去感恩，我们不仅要把这些记在心里，更要用实际行动去回馈。就像史蒂文斯一样，得到工作机会以后，用努力工作，快速进步，能够独当一面来促进公司发展，来回馈企业的好。而这也是我们感恩企业最好的形式。

人生要懂得感恩，不仅仅要记住别人的好，更要去回馈别人对我们的好。作为一个准职业人，最基本的职业素养就是要感恩。一个年轻人即将踏入社会之时，他的父亲说道："无论你遇到什么样的环境，遇到什么样的领导，始终要怀有感恩之心，因为你能去那里上班，已经超过了很多正在奔波寻找一份工作的人，工作中可能会有困难，但是这正是磨砺自己能力的好机会，所以无论如何，都要感恩你所拥有的一切。"

我们踏入职场，并不是工作需要我们，而是我们需要工作来自食其力。所以，我们要感恩，像史蒂文斯一样，即使面试失败，也会感恩公司在他身上付出的人力、财力和物力，就会在自己抱怨公司的时候能够随时回想起当初得到这家公司录用通知时的激动心情和感恩之情。我们更应该将这份感恩铭记于心，用自己的实际行动回报企业，回报自己所得到的一切。

感恩你所拥有的一切，工作、生活、爱情、亲情……感恩理应成为我们人生当中的习惯，**所有的经历，所有的阅历，都会是人生宝贵的财富，是它们教会我们成长，是它们让我们成熟，是它们让我们拥有在社会上立足的根本。**所以，人要怀有感恩之心，这样的人生才会充满阳光，才是积极向上的。

四 / 砺行

（一）感恩的真谛是砺行

初入职场的人应感恩企业给予的工作机会，感恩企业的培育。努力工作，做出成绩，对得起自己拿到的薪水。这样的职业发展之路才会越走越顺。感恩是一种积极的思考模式，是一种对人对事对物的态度，当一个人懂得感恩时，便会将感恩化作行动，以回馈的方式展示在工作和生活当中，感恩于心，回馈于行。

董明珠刚入职格力的时候，就遇到职业生涯中的第一个巨大挑战，她上一任业务人员，离职后有一笔四十多万元的债务没有还清。这样的一笔债务，很有可能会伴随着业务人员的离职而变成一笔烂账。彼时董明珠计划追回。而这笔债，董明珠追了四十多天，她天天堵在对方办公室的门口，对方走到哪里她就跟到哪里，最后对方被缠得发疯，终于同意了，说："你把货拿走吧。"董明珠很高兴，连连说好。

结果到了约定的时间董明珠又被放了鸽子，对方没来，董明珠当时就特别地生气，于是她又找了对方手下的员工，动之以情，晓之以理，她说："咱们两个换一下位置你会怎么做呢？"对方员工答应说明天领导一到，就偷偷地通知她。所以第二天对方到的时候，董明珠就堵在门口，她自己一个人把空调搬上了车。

后来很多人都对这件事非常不理解，认为这不是董明珠个人的事情，而且是上一任业务员留下来的债务，跟她有什么关系呢？她干嘛这么去较劲？但是董明珠说："我接替的是他的职位，不是他这个人，所以我要对这个职位上的事情负责。这笔债不追，我就是对工作不负责，对公司不负责，我就对不起拿到手里的那份薪水。"

董明珠说的没有错，作为白手起家的CEO，她原本可以安稳地生活下去，谁知道丈夫的去世改变了一切。她狠心扔下孩子，南下打工。找工作的时光是难熬的，用她自己的话来说，当时空调是什么东西她都不懂，但是格力依然还是给了她一个机会。

在人生最困难的时候，格力给了董明珠更多的希望。事实也证明，董明珠不仅仅对格力心存感恩，并且用自己的实际行动回报着格力，回馈着格力。

工作是谁也逃不开的话题，身而为人，最重要的一点就是要付出劳动。关于为什么而工作的答案人们一直讨论不休，有人认为工作是为了赚钱，有人认为工作是社会的产物，当然也有人认为工作是实现人生抱负的阶梯……当然不管答案是什么，有一点是可以肯定的，**工作能够为我们提供发展和成长的平台，我们可以通过工作得到能力的提升，经验的累积，以及更强大的自信心，**而企业和员工也绝非对立的关系，更重要的是要形成双赢的局面，在这个相互促进的过程当中，我们需要心存感激，而且需要更加努力工作以回报企业。作为初入职场的年轻人，我们始终要怀着一颗感恩之心投入工作，投入生活，以自己的实际行动回馈多年来养育我们的父母，回馈给了我们发展平台的企业，也要以实际行动回馈社会。

（二）基础层级的感恩——感恩父母，不让父母操心，能够养活自己

从我们呱呱坠地，父母就开始为我们操心，操心我们的成长，操心我们的学业，操心我们的未来，他们是我们人生的第一位老师，也是我们最亲密的人……经过十几年的读书生涯，我们终于可以自食其力。那么，为了回馈父母几十年来如一日的养育之恩，我们进入企业，就要依靠自己的力量养活自己，

不要让父母为我们的衣食住行而担忧，让他们知道，羽翼下的孩子已经长大，已经可以自立谋生。我们感恩父母最好的办法，不是物质的给予，而是告诉他们，我们能够自立了。

（三）基础层级的感恩——感恩企业，对得起自己的薪水，履行好自己的工作职责

一个人即使有天大的本事，但如果没有一个施展的平台，也不过是空长了一身本领而已。有能力，还要有发挥的平台。而企业，恰恰就是我们发挥自己知识水平和能力，实现梦想的那个平台。

感恩企业，不仅要记得企业对我们的好，更要回馈企业。**初入职场，我们没有足够丰富的经验，没有很强的能力能够为企业创造价值，唯一能做的就是脚踏实地地做好自己分内的每一项工作任务，履行好自己的工作职责，**不断磨砺自己，在挫折和苦难中尽快成长，让自己的工作对得起所得的薪水，这是作为一名员工对待企业最基本的责任。

在一家公司，一位新晋的经理人表示："我刚到这家公司时，还只是一名职场小白，和其他同事相比，无论是能力、经验还是阅历都差很多，之所以能够在短短两年内就获得如此大的进步，就是因为我时常怀着一颗感恩的心去工作。"

"我感谢老板当初没有嫌弃我是个小白，而是给予了我机会；我感谢同事在我不懂的时候对我的帮助；感谢公司提供了这个平台让我能够发挥自己。我是一名普通得不能再普通的职员，我没有什么可以回馈给公司，只有不断地在工作中做出成绩，对工作认真负责，不断地磨砺自己，履行好自己的工作职责。所以，我把工作当成是自己的事情来做，我把公司的事情当成是自己家的事情

来做。我每一天都更加努力工作，每天都在想，明天要做点儿什么才能比今天更好？我尽最大的努力来回报公司给予我的一切，没想到，反过来公司却给了我更大的发展空间，生活也给了我更大的回报。”

我们每个人都需要工作，有些人通过工作，能力得到提升，自信得到增长，同时丰富了经验和阅历，人生价值通过工作得到显著提升；但是更多的人则是终日空抱鸿鹄之志，到头来却做了乌鸦，一辈子碌碌无为。造成这种现象最主要的原因就在于，有些人抱着感恩之心在工作，所以能够把工作当成是自己的事情来做，能够履行好自己的工作职责，磨砺自己的工作能力和经验，为企业创造价值，为自己升职加薪奠定基础；而有些人则是抱着混日子的态度来工作，是为别人做事，做一天和尚撞一天钟，打三天鱼晒两天网，工作中有了责任能推就推，能拖就拖，看到别人步步高升，迅速崛起，又会产生极度不平衡的心理。所以，进入职场，我们要抱着一颗感恩之心去工作，履行好自己的工作职责，做好自己分内的每一项工作任务，在困难中磨砺自己，快速成长，能够独当一面，这才是行走职场的正确之路。

（四）较高层级的感恩——感恩社会，用自己的实际行动回馈社会

任何一种工作都不是独立存在的，我们所做的每一项工作和社会都有着千丝万缕的联系。企业是我们发展的平台，但是如果不是社会对某个岗位的需要，我们就无法在这个职业中求得长期发展。

举个例子，20 世纪初，当时的社会对外贸易需求量很大，诞生了一大批外贸企业，这些外贸企业创造了很多的工作机会，外贸业务员、翻译、跟单等。所以很多外贸专业和外语专业的学生一毕业就成了抢手货。

最近几年，互联网飞速发展，互联网成为社会发展的主流趋势，又诞生了大批的互联网公司，这些互联网公司所需的职位包括产品经理、UI 设计师、Java 程序员等。很多计算机专业、艺术设计专业的学生又成为了这个行业的中坚力量。**说到底，还是社会需求为我们提供了岗位，为我们的未来创造了更多的可能性，所以，我们要用自己的所学，感恩回馈社会。这是我们感恩的较高层级。**

我们每个人的生活、工作和人生都离不开这个社会。人是社会的产物，皮之不存毛将焉附，社会发展得好，我们个人才会好；同时，无论我们从事什么样的工作，我们的劳动果实都能够促进社会发展。人只要生下来就是社会的一分子，我们的工作，我们的一言一行，我们的生活都是社会的一部分，所以要感恩社会，在生活中自立，在企业中成长，用自己的实际行动回馈社会。

感恩是一种生活态度，也是一种良好的道德品质。感恩父母，能够自立，我们才会让他们安心；感恩企业，履行好自己的工作职责，我们才能够和企业共同发展、成长和进步；感恩社会，踏实地生活和工作，用实际行动回馈社会，我们才能和社会紧密地联系在一起，并且为之骄傲。感恩的真谛就是砺行。

而对于新人来说，由于我们的工作经历不够丰富，我们的工作能力也不够强大，可能谈不上天翻地覆的付出。其实，对于一个刚刚走上社会的职业人，我们只要能够在一家企业立足，拥有自给自足的能力，不让父母操心，不给社会造成就业压力，这已经是我们能够给家庭、给社会的最好献礼。

同时伴随着我们工作能力的提升，工作阅历的丰富，我们会收获更高的职位，更多的薪水，这也是很多人工作的最初目的。不过，有些人为了获得更多的薪水，入职没多久就开始跟老板、跟企业谈条件，着眼于给我多少钱，我为企业付出了多少，我做了多少，应该给我多少回报，甚至有些人为此不择手段，唯利是图，做出有害于企业的事情。这跟我们进入职场的初衷是不是有着天壤之别呢？所以，请牢记初心，牢记使命，牢记初入职场时的那份感恩。

在感恩父母、企业和社会的同时，不妨也想一想，我们为父母做了什么？是否让父母不再为我们今后的人生操心？是否让父母老有所依？是否让父母以我为傲？为企业带去了什么？为同事带去了什么？为客户带去了什么？为团队带去了什么？所作所为是否改变了企业的面貌和发展？是否改变了客户的生活甚至是人生？是否让团队的工作流程更加顺畅合理，团队人员沟通更融洽，相处更和谐？是否让同事们或者下属们工作能力得到了提升，经验得到了增长呢？为社会带去了什么？是否促进了经济发展？是否为环保做出了表率？是否身体力行影响过别人，关心过别人？……感恩于心，回馈于行。

如果把我们的职业生涯比作一艘在茫茫大海上航行的大船，这艘大船一定是有一个目的地，它要知道自己从哪里来，到哪里去，它会沿着一定的航线去往自己要到达的地方；否则，就会迷失在变幻莫测的海面，失去方向，也可能会遭遇风浪，从而沉入海底。同样，我们的职业生涯也需要这样一个方向，要知道自己工作的目的是什么，要知道自己想要成为一个什么样的人，拥有怎样的一个职业；否则，就会像这艘迷失方向的大船一样，在职场东一榔头西一棒槌地不知所措。

此外，这艘大船还要备足充分的燃料，能够支撑它前进，否则，它就永远也到不了自己要去的地方；同样，在职场中，我们也要有充足的职业动力，所以，我们要忠诚于自己的工作，尊重它，信赖它，敬畏它，这样才能够走得远走得好。

同样，还要感恩企业给了我们施展才能的平台，感恩领导的提拔和培养，感恩同事们的热心帮助，同样也要感恩自己的付出和能力，这样的职业生涯才是积极向上的。

我们初入职场的目的是靠自己的力量活下去，站稳脚跟，这个目标是支撑我们走完一段职业之路的最大动力，**但是，人生的最大成就感，来自“我们为**

了别人做了什么”，所以，在追求“自立”的时候，不妨也抬起头看看，能为公司做些什么，能为部门做些什么，能为同事做些什么，这样，职业之路才能走得更远、更好、更稳！一艘大船，有了明确的方向，有了十足的动力，就能平稳自信地航行在大海上；一个职业人，有了明确的事业目标，有了十足的职业动力，就能够在职业生涯中披荆斩棘，扎扎实实地去实现自己的职业目标，拥有健康向上的职业人生！

【本节要义】

1. 当我们从学校走入职场这个全新的领域时，首先应调整好心态，明确个人的职业发展目标，知道自己为什么出发，以及要走向哪里，才能在未来的职业道路上走得更加坚定且清晰。

2. 对工作赋以使命感：将自己所做的工作与企业愿景相结合，让个人的发展与企业的追求保持一致。

3. 忠诚于自己的职业：遵守本职业内部的原则，严格要求自己的行为准则，追求极致。

4. 感恩父母、感恩企业、感恩社会：履行自己的工作职责，实现自立，用自己的实际行动回馈社会。

【思考题】

1. 职业为什么要有使命感？能否用“挣钱”“好生活”“开挂人生”概括？

2. 使命感意味着什么？

3. 您作为职业人的使命感是什么？

第二节 合一

“脱颖而出”的关键是践行自诺。

“知行合一”是明代思想家王阳明心学的核心精髓，意在人生要有一致性，要做到言行一致。知行合一：知道了就要去做，不一定要等说出来才去做。思行合一：想到做到，思想与行动、行为保持一致。心神合一：一个人的内心和他的意志力、意念、精神世界一致。天人合一：人与天地万物融为一体。一个人越优秀，越成长，他的一致性也就越高。

说到底，知行合一是一种心态，**意在所说、所想和所做不能相违背，要保持一致性，要表里如一，它要求我们将学到的知识和技能付诸实践，要求我们嘴里说出来的话和做出来的事情保持一致，要求我们的思想及意念和行为保持一致。**很多事情，我们未能取得良好的结果是因为“知”与“行”没有达成统一，只停留在了“知”这个层次。

在知乎上曾经有这样的一个问题：“为什么我们听了那么多的人生道理，却依然过的一塌糊涂呢？”其实再对的道理，再好的人生思想和哲学，看到了仅仅是过下脑子，没有与“行”达成合一，就好似隔着窗户看风景，永远找不到突破的出口。而造成这种现象的原因有两个：

1. 道理和能力的匹配度不够。很多人都会有这样的一个思维误区，**他们总是纠结是否懂得了道理，好像懂得了道理自己就会成功，永远停留在认知的表层，实际上能力背后的行动才是最大的制约因素。**正如我们能不能进入腾讯、华为、阿里巴巴等公司工作，并不在于我们知不知道这几家企业是不是好的公司，而在于我们有没有能力应聘成功，成为其中的一员，所以能力才是我们过得好不好的关键因素。

2. 停留在舒适区，不能自拔。心理学上有个著名的词叫舒适区，是从人性本身来剖析，人习惯于自己熟知的事物、环境和生活，对任何改变会本能地逃避和拒绝，因为改变意味着突破，会带来心理上的恐惧感，同时也有可能会因为不熟悉而犯错。从人性趋利避害的角度来讲，走出舒适区是件困难的事情。但事实上一个人只有走出自己的舒适区，去做自己从未做过的事，或者自己曾经惧怕的事情的时候，其人生边界才能得到拓展，他才能得到成长。

但是知易行难，要把之前做得不完美、不完整甚至不正确的事情改正过来，然后尽量把每件事做得正确、完整、完美需要很大的毅力，也需要长时间的刻意锻炼。成功学研究表明，人与人之间的技能差异来自“刻意锻炼”。成功没有捷径，刻意锻炼的过程注定是让人不舒服的，需要自律，深度坚持，花力气打通自己的“任督二脉”，这样才会有一技傍身，过上我们想要的生活。

而对于初入职场的新人来说，首先要面对的挑战就是身份上的变化，是从一个学生到职业人的变化，从接受知识到执行工作的变化，从象牙塔到实操场所的变化。在这个过程中，我们需要改变的不仅仅是外在形象，更多的是行为习惯、想法、心态和对事物的认知。这种改变并非一蹴而就，甚至会出现极度不适应的情况。**因为这是一个让自己的内心追求与行为合一的过程，是把学校学到的理论知识变成实实在在的工作成果的过程，是通过行动把“所想”变成“现实”刻意锻炼的过程。**要做到知行合一，绝非易事，那么在这样的一个过程当中，又有哪两个因素起着关键性的作用呢？

一 / 自律

每年年初，我们都会制订很多目标，工作目标、生活目标、学习目标……我们对未来的自己充满了殷切的期望，但是一年过后，能完成目标的人少之又少。大部分人制订目标时信心满满，但是在执行目标之时，行动力却弱了很多。每个人都想成就更好的自己，但是想的和做的不一样，只是停留在“想一想”这个层次上，不去做，不去行动，就很难实现目标。幻想或者说制订目标人人都可以，但是能够行动则需要强大的自律性，能够把自己的想法和行动合二为一，才是真正的强者。自律是在行动中形成的，只有在行动中才能体现出来。

（一）什么是自律——严格要求自己

自律是人通过控制情绪和思维，来达到主动行动的能力，这其实是一种自制力。主要体现在自我对时间、情感以及欲望的控制力上。其中对欲望控制力的强弱在某种程度上，导致了人与人之间的区别。“无欲则刚”，并不是让我们没有欲望，而是在自身的欲望面前能够有所克制，这就是强大。

“祸生于欲得，福生于自禁。”我们在生活和工作中，会面临很多的诱惑，自制力弱则会引发诸多问题，会很容易被自己的欲望所控制，从而迷失方向。人和动物之间最大的区别就是，动物只有一个“我”存在，而我们人类除了动物性的“我”以外，还会追求更高层次的自己，而在追求更好的自己的过程中，需要控制很多欲望。自制力弱的人，抵抗诱惑的能力较差，因此会做一些放纵自我的事情；而自制力强的人，更能抵御诱惑，更能坚持长期的目标，从而能取得成就。

时间观念反映着一个人的工作态度和生活态度。柳传志在科技界泰山的地位，很大一部分源于自律，而他最广为人知的自律是他的守时。

柳传志参加过无数次大大小小的各种会议，但是他很少迟到，仅有的几次迟到也是因为一些不可抗力。为了让自己不迟到，柳传志每次都会至少提前半个小时到达会场，先在车里做准备工作，会议开始前十分钟再进入会场，从容不迫，底气十足。

有一次，他到温州参加会议。谁料，温州当日下起了特大暴雨，飞机无法前行，迫降上海，随行的人员建议柳传志先在上海休息一晚，第二天一早再出发也不迟，毕竟天气因素人为无法控制。但是柳传志没有同意，担心暴雨第二天依然会持续，找来公务车连夜赶往温州，他的举动获得了大家的一致好评和敬重。

柳传志的自律数十年如一日，他比谁都聪明，他明白这种自律能让所有人都知道：我，靠谱！

人的一生，怎样才算是成功呢？不是拥有多少钱，也不是有多高的地位，其实就是不断地超越自我，成为更好的自己。优于过去的自己，这就是人生最大的进步。而我们要想成就更好的自己，就需要不断地改变身上的缺点，想让自己不断地进步，就需要严格地要求自己。在这个世界上，只有自己是最可怕的，只有自己是最难对付的。必须有一定的意志力来约束自己，控制自己，养成习惯，循序渐进，这是成功的关键。

严格要求自己，是给自己以自由。**“随心所欲而不逾矩”。只有能驾驭自己的人，才能驾驭命运；只有拥有自制力的人，才配谈自由。**知乎上有一个问答很精辟：你对自由的理解是什么？有人回答：说“不”的能力。当巨大的诱惑摆在面前，能控制住自己的欲望，说出“不”字的人才是真正的强大。正如毕达哥拉斯所说：“不能克服自己的人，便没有自由。”所以，能够控制自己的人，才是真正成熟的人，才能获得真正的自由。

（二）只有自律者才会有自由

很多人对于自由的理解，无非就是每天睡到自然醒，不用干活，没有约束，想干什么干什么，想去哪儿就去哪儿。有人曾经写过这样一篇文章，文章中提到他觉得自己每天上班，早出晚归，所有的时间都给了公司，一点儿私人时间也没有，觉得自己完全被束缚在工作中，过得很不自由，于是提出了辞职，打算做原来想做但是没有时间做的事情：把乱七八糟的房间打扫成水晶宫；每天早上运动健身，给自己一个好身材；每天给家人做一顿大餐，看着他们吃得不亦乐乎；每天下午要么约着朋友喝茶聊天，畅谈人生，要么在阳台的躺椅上阅读，感受下午的阳光……想想都觉得特别的美好。但也确实只有想想了，因为真实的情况并非如此。

在辞职的一段时间内，为了弥补自己原来没时间享受的“放纵”，他每天打游戏打到半夜，日夜颠倒，白天不起晚上不睡，睁开眼睛已然是第二天的下午，蓬头垢面，精神萎靡，起来随便吃点外卖或泡面又开始打游戏。原来设想好的一样也没有实现。他确实是自由了，没有了工作束缚，不用早出晚归，也不用干活，但是为什么还是没有过上自己想要的生活呢？问题就出在“想”和“做”没合一，没自律。自由并不是我们想干什么就干什么，想吃什么就吃什么，想去哪儿就去哪儿，那么自由是什么呢？

真正的自由源自自律，只有自律者才会有自由。为什么呢？因为自由并不意味着为所欲为，放任自己，而是对自己的一种把控。

没有自律的人生，谈何自由。如果想穿衣自由，就得拥有匀称的身材。身材才是最好的衣服，而这一切需要用辛勤的运动和汗水来换取，这需要当别人躺在沙发上刷手机的时候，你在健身房挥汗如雨；需要在别人大快朵颐的时候抵制住美食的诱惑……想学习成绩自由，就得忍受常人无法忍受的煎熬，在别人玩的时候啃书本，得抵挡住手机中App和游戏的诱惑。想在职场上实现职务自由，就得忍受加班的痛苦，就得能挑战自己能力范围之外的工作，就得抵抗住想要休息，想要做简单工作的诱惑，当控制住了自己，在职场不断上升，你才有底气说，我可以胜任更多的工作，可以为所在的企业做出更大的贡献，可以为这个社会做出更大的贡献。

而大部分的人，为现状感到担忧和不满，但是又无法下定决心逃离舒适区去改变自己。他们生活不自由，工作不自由，穿衣不自由……也常常憎恶自己的不争气，但是明明他们只要能够控制住自己想要懒散、想要拖延、想要享受的内心，就可以改变自己，过上不一样的生活，从而过得“自由”一点。但是由于他们的不自律，只能以最普通的身份埋没在人群中，过着最煎熬的日子。

自律的过程是痛苦的，得忍受别人忍受不了的痛苦，逼迫自己做根本不想做的事情，得挑战自己根本不会做的事情，挑战自己原来根本不可能完成的任务……想要自由，首先得自律。对于我们来说，自律痛苦的可能是“一个小时”，但是不自律的痛苦可能是“一辈子”。

王小波说：“人类的痛苦，本质上是对自己无能的一种愤怒。”那些不能管理好身材的人，总是咬牙切齿地说要减肥，却总是几天下来就没了动力；那些游戏成瘾、一遍遍被人规劝的人，总是忍不住玩两把；那些从不读书的人，头脑空虚，思想落后，跟不上时代的脚步，人生一无所获。

所以，越自律，越自由，越节制，越健康。明天我们无法预期，但可以选择自律地活在当下，让自己不要多年以后后悔当初。

（三）自律的人都拥有“开挂”的人生

《研究百万富翁的生活习惯》这篇文章中提到，百万富翁的习惯大同小异，但是归纳起来最重要的是以下几条，而前三条全部都是关于自律：1. 每天阅读，至少 30 分钟；2. 坚持锻炼，每天有氧运动 30 分钟；3. 坚持早起，早晨五点起床完成今天工作中最重要的三件事；4. 追求自己的目标；5. 结识其他成功人士；6. 积极的人生态度；7. 不从众；8. 帮助其他人成功；9. 每天花 15～30 分钟时间思考。不成功的人生各有各的活法，但是成功的人生都是自律的。只要自律起来，人生就已经开始走向成功。

谷歌有位高级工程师，叫马特·卡茨，拥有很多现代职业人的通病，因为常年伏案工作，身材臃肿；由于工作忙碌，没有时间阅读自己喜欢的书籍；因为工作太辛苦，回家之后只想坐在沙发上看电视。有一天，马特·卡茨突然意识到，这样下去貌似已经看到自己是如何离开这个世界的了，为何不趁现在就开始改变呢？

于是，他给自己制订了一个改变的计划，每天做一些之前未能开始，但对于改变现状有实际意义的事情。如：每天骑自行车或者步行上下班；每天必须步行8000步，无论刮风下雨；每天拍一张照片，记录自己的生活和改变；开始动笔写一本 5 万字的小说；不看电视，改为睡前阅读；不吃糖以及含糖量高的食物，拒绝咖啡因，改喝白开水；远离即时通信软件，不玩推特，不在社交网站上逗留太久……这样的一份计划需要强大的自律性才能完成。那么，马特最终是否实现了自己的愿望呢？其实在这个过程当中，马特也产生过好几次想要放弃的念头，但最终还是依靠自己强大的意志力，强迫自己坚持了下来。

很快，半年的时间过去了，往日肥胖邋遢的马特变成了一个身体健康、内心强大的人。他爱上了骑自行车，爱上了步行，甚至完成了之前想都不敢想的非洲最高峰乞力马扎罗峰的攀登。而这一切，开始成为了他生活的一部分，他开始享受自律带来的全新的自己。

如果想在职场拿高薪，得到很高的职位，就需要变得非常的优秀，这是大量经验、阅历和能力的累积，并不是说说就能达到，这个过程需要我们付出很多。而人类生来更喜欢安逸舒适的生活，喜欢享受，自律是要和自己的本性作斗争，这并不简单，但只要我们能够控制住自己的行为，严格要求自己按照目标和计划来行事，时时规范和约束自己，做到内心所想和行为的合一，我们的职业生涯会进入良性循环，人生也会往好的方向发展！

（四）让自律成为一种习惯

有那么一种人，严格按照时间表格来安排自己的活动，几十年如一日地学习、阅读、健身，问他怎么坚持下去的，他会说“习惯而已”；有那么一种人，立下的目标一定会坚持，当问他怎么能够坚持下去的时候，他只说三个字“习惯了”；还有那么一种人，工作中严于律己，以各项准则和规章制度要求自己，当问他为什么能够做到如此严谨时，他轻轻地说“习惯了”。**当自律成为一种习惯的时候，它自然而然地成为我们工作和生活的一部分。这个时候，我们会享受到因为自律带来的喜悦，**就像村上春树在书中提到的：当自律变成一种本能的习惯，你就会享受到它的快乐。

林清玄，中国台湾当代作家。他八岁的时候，就立志成为作家，为了实现这一目标，林清玄先生从小学三年级起就开始写作，最开始，他每天写 500 字，后来逐渐增加到 3000 字的文章，他几乎每天都在写。直到 60 岁时，林清玄先生依然要求自己每天写 3000 字。林清玄先生写作不为发表，只为练笔。对于林清玄先生，写作是个循序渐进的过程，是一种不能停下来的工作。他从来不会放纵自己，久而久之就形成了一种习惯。

李嘉诚先生的很多创业故事是商业界的典型案例，他个人成长发展的诸多方法也被许多人学习和借鉴，其中最著名就是李嘉诚先生坚持几十年如一日的自律人生。

李嘉诚先生一直保持两个习惯：一是每天睡前看书，无论是专业的书籍还是非专业的书籍，哪怕睡得稍微晚一点，也会读书；二是每天晚饭后，看一段时间的电视英文栏目，接收世界上最新的信息，以避免“落伍”。

在李嘉诚先生90岁高龄的时候，他依然保持着早起的习惯。每天5点59分闹钟响后就立即起身，绝不赖床，然后看看新闻，了解天下大事，再出去打上一个半小时的高尔夫球，锻炼身体，然后再投身工作。这样的生活习惯几十年如一日地持续着，已经成为李嘉诚先生的生活常态。

当自律变成一种习惯的时候，原来遥不可及的事情现在看起来会异常的轻松，原来解决不了的问题现在都能够坦然面对，变得越来越自信。唯有自律，才能驱散人生当中的阴霾，唯有自律才能助力我们目标的实现，也唯有自律，能让我们成为更好的自己。

二 / 坚持

美国电影《阿甘正传》中的阿甘没有过人的智商，没有显赫的出身，也没有光鲜的外表，既不聪明也不灵活。但他的一个特点给人深刻印象，那就是无论做什么，都不会轻言放弃，坚持到底，最终成为人生赢家。对于每一个人来说，成功更青睐那些坚毅执着的人。

有些人，突发奇想要健身，于是办卡找私教，开始健身，开始的时候信心满满，但没过几天就怕苦怕累选择放弃。是的，一个人自律一两天不是什么难事，但坚持自律一年、十年，就不是那么轻松了。自律也需要坚持下去。

严歌苓，著名女作家，即使不知道她的名字，但是根据其小说改编的影视作品你一定看过,《归来》《金陵十三钗》《芳华》《小姨多鹤》……严歌苓到目前为止共创作过22部长篇小说，70多部短篇小说，可以说是非常高产了。

当严歌苓接受采访时，记者曾经问过这样一个问题:“你怎么能写那么多书？”严歌苓回答道:“我是当兵出身，我们平时最在乎的就是纪律，对我们来说，最重要的就是自律。”

严歌苓说的自律，是在12岁进入成都文工团开始每天4:30起床跑操，她坚持了整整9年的时间；她所说的自律就是每天坚持写作至少六小时，她每天争分夺秒地创作作品，直到榨出她能想到的最后一个字；她所说的自律就是隔一天游泳1000米，无论寒暑，几十年如一日。

随后记者继续问道:“你每天都写，每天都写那么长时间，你痛苦吗？”严歌苓答:“怎么会不痛苦，写作是需要灵感的，但是当你一个字也想不出来的时候你会痛苦不堪。但是我只能这么做，因为只有写作，才能让我有存在感。”一直以来，严歌苓都严格遵守规律的写作和生活，这是严歌苓保持高产的秘诀。

可见，自律是一个长期坚持的过程；**自律，本身就是一场持久战。**自律，意味着数十年如一日的坚持，能坚持下去的，都会看到曙光；不能坚持下去的，都“死在了”“昨天晚上”。如果我们每一个人都能像严歌苓女士那样，几十年如一日地自律和坚持，我们的人生就会充满奇迹。仔细想想，人身上的任何一种品质，都离不开坚持，能坚持做好一件事情本身就是一种优秀的品质，拥有坚持的品质本身就是一种成功。

（一）什么是坚持

俗话说，人生不如意十有八九。每个人的人生都会有起起落落。身在其中的我们就像是一艘被风浪抛来抛去的小船。面对风浪，有些人会及时退缩到自己的安全区，放弃前行，而有些人则选择继续前行，坚持到底。

意志在于磨炼，成功在于坚持。**我们最终是成功还是失败，全在于意志的较量。**意志强大的最终都实现了自己的梦想，意志薄弱的都在怨天尤人。坚持意味着持之以恒的耐性，无论遇到什么样的困难，都执意不改变，不动摇，始终如一。

有个年轻人慕名来到微软公司，用不熟练的英语解释自己想谋求一份工作，但是微软当时并没有多余的岗位给这位年轻人，面对这样的一个求职者，总经理不忍心打击他的积极性，就让他试了试，结果年轻人表现得异常糟糕。慕名而来，表现得却如此差劲，年轻人也对此感到无比尴尬，解释道自己事先准备不够充分，回去一定好好学习英语，希望总经理再给他一次机会。总经理认为他只是在给自己找个台阶，面试结果这么明显，他怎么也不好意思回来了吧！就随口答应道:“那你准备了好了再来吧！”随后，就把这件事情忘记了。

出乎意料的是，一周之后，那位年轻人再次来到微软请求面试，虽然这一次他依然没有通过，但是相较于上一次，已经要好很多，并且给总经理留下了深刻的印象。因为，一周之内英语就能进步如此之快，这个人一定不是等闲之辈；而且，在经受巨大挫折后还能继续挑战的人一定是毅力坚强、经受得住打击之人。为了能继续观察这个年轻人后面的举动，总经理依然拒绝了他，让他准备好之后再来面试。

结果，这名年轻人又来了第三次、第四次，每一次都比上一次有很大进步。年轻人越来越自信，总经理越来越欣赏他，终于在第五次面试的时候，他成功通过了考核，正式成为公司员工，成为公司重点培养对象。能够锲而不舍地为实现自己的目标而不断挑战自我的人正是每一家公司所需要的人才。

“锲而不舍”地坚持一件事情反映出的是强大的信心和不怕困难的精神，是一个人事业成功最重要的品质。在职场上，当困难出现时，成事者迎难而上，坚持者越战越勇，任何成功都是一个漫长的过程，它必然要求一个人具备不达目的誓不罢休的韧劲。

“古之立大事者，不惟有超世之才，亦必有坚忍不拔之志”。要成就某个目标，我们必须拥有强大的意志力，并且始终如一，追求到底。坚持得够长，人的内在就会慢慢形成一种饱和，直到不需要强制也可以自然而然，形成习惯，当习惯成自然，目标很快就会达成。

（二）坚持不一定成功，但是不坚持一定不成功

英国有一位叫约翰·克里西的作家，35 岁的时候开始搞文学创作，但是他寄出去的稿件都接二连三地被退了回来。从他寄出稿件算起，他一共收到 743 封退稿信，这对写作的人来说无疑是个巨大的打击。但是他却非常乐观地表示：“没有关系，只有经历失败才能享受成功，我不会因为失败就停止，那样我所有花费心血写出来的稿子都将毫无意义。”于是他坚持投稿，直到逝世，约翰·克里西一共出版了 564 本书。他可以说是世界上接到退稿最多的人，但克里西却始终没有放弃，他坚持不懈地投稿，终于实现了自己的梦想。

我们知道，激情只有持续下去才有意义。**很多事情，看到希望才去做的不叫坚持，因为希望总在坚持不懈的时候才会出现。**每个人都有自己的人生目标，在追求目标的道路上，难免会遇到各种困难、挫折和失败。有时候我们在追求目标和梦想的过程中，会遭遇很多的困难，很多的障碍，困难看似难以逾越，障碍貌似无法攀爬，道路好似崎岖狭窄，有些人会在这个时候选择放弃。世界上 80% 的失败其实都源自半途而废，坚持了并不一定会获得最后的胜利，但是如果放弃，必然是失败的。成功的秘诀在于持之以恒、锲而不舍。**坚持是成功的必要不充分条件，坚持不一定能成功，但要想成功，必须坚持。**

从学生到职业人的转变，需要我们无论是在心态上还是在行为上都要进行巨大的转变。初入职场，我们因为缺乏相关的工作经验和阅历，工作能力也急需提升，所以这一阶段是职场新人遇到困难最多的时候，很多职场新人在遭遇到工作没做好、被领导批评或者是其他一些难以应对的状况时选择了离开，选择了放弃，这会让我们失去很多的机会。

一名大学毕业生，经过重重选拔，种种考核，终于以产品经理的身份入职到了一家知名大型互联网公司。这家公司十分看重他身上的潜质，尽管工作能力还不够强，工作阅历和经历也都相对不够丰富，但是这家公司还是给了他一个机会，决定重点培养，其待遇和福利条件也非常好。刚刚毕业就能够有如此丰盛的收获，这位刚刚踏入职场的小白非常兴奋，因为能够进入到这家大公司是他梦寐以求的目标，如今终于实现了，内心非常兴奋，决心努力工作，回报企业。

最初几个月，公司安排专门的老员工采用传帮带式的方法，手把手教会了他岗位职责范围之内的工作。他上手很快，工作任务完成得非常出色，公司也非常满意，于是提出让他逐渐接手运营方面的工作。

这让他一时间难以接受，毕竟做产品才是自己熟悉的领域，职责范围内的工作已经让他焦头烂额，哪儿有时间接别的事情呢？与领导谈了几次，认为自己的能力尚不足以胜任运营的工作，但是公司很有信心，认为他产品方面的工作已经得心应手，需要继续成长。他只好悻悻地应承下来。

面对从0到1的工作，他很是招架不住。虽然他不断地学习，但由于身兼两职，对手上的很多工作都疲于应对。工作中各种琐事不断地出现，困难重重，搞得他是无所适从、不胜其烦。于是在接手两个月后，在学习和执行的双重压力下，他提出了辞职。

我们不能说这位毕业生离开这家公司就一定发展得不好，但是因为他没有顶住压力，没有在困难面前选择坚持，他在这家公司的职业生涯可以说是失败的。谁的职业之路会一帆风顺？谁的工作中没有困难？职场中最可怕的行为就是遇到困难就退缩，遇到挑战就放弃。任何一个人进入职场，要想获得成功，都不可能只做自己熟悉的、会做的、信手拈来的工作，那样的人在职场是没有价值的。要想成长，就要不断地挑战自己没做过的，甚至不知道从何下手的工作。在这个过程当中，会收获大量的能力、经验和阅历，这些是我们在职场最宝贵的财富。这些财富的脚下是无数个困难、坎坷和障碍，只有把这些都挑战成功，才能在职场中成长。

很多人都在追求职场快速成功的捷径，**其实，职场哪儿来的什么捷径，我们能做的就是在一个又一个的困难和挑战面前坚持住。坚持住了，前面就是坦途；**坚持不住，就会永远在重复过去的经历。当感觉自己坚持不下去的时候，只要再加一把劲儿，就会豁然开朗。

有这样的一个定论叫作飞轮效应。说的是如何让巨大的静止的飞轮转动起来，开始的时候，必须很费力地去转动飞轮，让它动起来，伴随着不断地用力，飞轮会越转越快，而当飞轮转动达到一个特定的速度后，即使松手不再用力，飞轮依然会按照自己的速度转动。飞轮效应的现实意义在于，我们在进入一个全新的环境或者领域时，都会经历一段苦难的时光，可能会很费力，可能会难

难，天天都是坎儿。但突破这些坎儿的过程很美好，天天都在进步。《哪吒之魔童降世》上映后震惊了无数人，除了在国内票房喜人以外，从北半球到南半球，《哪吒之魔童降世》在不同的季节，燃起同样的风火！饺子数十年的坚持最终回馈给了他丰厚的果实。

饺子在追求成功的道路上，承受了别人不能承受的寂寞，付出了别人难以付出的勤奋，当然最后也拥有了别人难以企及的成功和掌声。这是一个无比心酸和辛苦的过程，这个过程没有强大的意志力根本无法完成。而在饺子看来，坚持最重要的不仅仅是结果，坚持的过程同样重要，当他回头看看的时候，给他留下印象最深的一定是半夜拿着手电筒学习 Maya 的过程，一定是足不出户、三点一线的过程，一定是死磕每一个细节，打磨每一帧动画的过程。坚持的过程让人印象深刻。所以，在追求成功的过程中，调整好自己的心态，积极地面对遇到的每一个困难和挫折，享受过程，这条路我们走起来会更加轻松。

曾经有一位职场前辈说过这样的一句话："那些聪明伶俐的未必都能获得成功，只有那些遇到困难不放弃、坚持到底的人才有可能走到最后。"如果能坚持做到不迟到、不早退、不旷工，可能并不会很快获得升职加薪的机会，但是这种兢兢业业的态度一定会赢得企业领导的认可，他会用心去培养你，为你创造机会；如果能坚持做好手头每一件琐碎的小事，才能在此基础之上做好每一件大事……有些事情，真的不是坚持了就会得到立竿见影的结果，收获成功，也可能会取得失败的结局，**但是坚持的过程，本身就是一个让自己变强大的过程，这种精神本身对于个人发展来说就是一种胜利。**

（四）坚持的究竟是什么

坚持的是对成功的渴望，还是如上述所说，享受坚持的过程？知乎上有人讲述了这样一个故事，一个家境不错的男生，从高中开始健身，雷打不动直到不惑之年，一直保持着二十几岁的身材和颜值。几十年如一日，一天不去就会觉得缺点儿什么。那么他如此坚持究竟是为什么呢？几十年的坚持锻炼已经把他的身体打造得非常完美。他还在追求什么？坚持什么？**其实是一种状态。在这种状态下，我们才会找到最好的自己。**

坚持是一种状态，而不是一种手段或解决办法。对于绝大部分人来说，上班时的状态往往比休息日要好很多。上班的时候，作息规律，饮食规律，要逼迫自己学习，处理困难的工作；而休息日时，绝大部分人都处在一个相对放松的状态下，作息不规律，睡到自然醒，饮食不规律，平时十二点准时吃饭，休息日的时候可能还在睡觉。所以，有些人在长时间休息之后会期待赶快上班，其实他们追求的不是上班这件事情本身，而是上班时的状态。那种状态更让人感觉自己是积极向上的。

所以，我们在坚持的过程中追求的是一种良好的状态。健身是同样的道理，对于很多人来说，他们追求的并不是要成为专业健美运动员，而是比过去的自己更强壮、更健美而已。那么达到这个目标之后为什么还要坚持呢？因为在健身的过程中，他们发现了最好状态的自己，积极向上，不断变好。学习也是一样，很多学霸即使成绩一流，还要坚持自律，阅读，学习新知识，掌握新技能。在工作中，完成一个个挑战，战胜一个个困难，也会让我们产生强烈的成就感，而回到枯燥乏味的工作中后，我们怀念自己在面对困难和挑战时的果断、韧劲，原因也是如此。每一个人都愿意看到一个状态更好的自己，看到自己逐渐变好的过程。

李嘉诚说：“在我30岁之前，我的资产足够一家人一世都不需要再工作。古代有八个字对我很有用，自强不息、厚德载物，我的人生也是如此。”李嘉诚非常勤奋，每天工作十六七个小时。他每天晚上都会读书，即使时间不够，哪怕迟睡、不睡也依然会读书，因为他害怕自己跟不上时代，被社会所淘汰。

很多身在职场的人，即使白天工作繁忙，晚上也会抽出来时间阅读，或者利用休息的时间学习一些新的知识，这样一来为了能够跟上时代的变化，二来可以打发自己的业余时间，但其实最重要的是学习会让人的大脑变得充实，能让人不断进步。前面说过，成功就是不断地超越自我，成就最好的自己，而学习正是达到这个目标的一种途径。我们之所以要不断学习，是因为我们热爱不断进步的自己，热爱进步的状态。

进入职场，我们会遇到很多很多的困难，坚持下去，我们可能会收获成功，但是也有可能不会。获得成功是我们每一个人都希望得到的结局，但是如果不能如愿以偿，我们也要享受坚持的过程。这是成长的道路。所以无论发生什么样的状况，我们需要保持的其实都是一种坚持的心态。**我们坚持的不是对结果的追求，而是我们内心对成功的渴望，坚持将我们的内心和成功的结果合在一起，这是强大意志力与内心追求以及外在行为的合一。**所以，坚持一下吧，在遇到困难的时候，甚至在自己认为坚持不下去的时候，不妨再咬牙坚持一下，一方面，这个过程值得我们骄傲，另一方面，我们距离成功也会越来越近。

日常工作和生活当中需要我们坚持的不仅仅是那些能够让我们获得成功的大事，点点滴滴的小事同样也需要我们坚持做下去。跑步、健身、学英语、看书，看起来没什么大不了的，一天不做貌似也没什么关系，但只要我们坚持下去，一个月、一年、两年、十年，日积月累，我们收获的一定是一个更加出色的自己，能坚持做好小事，才能坚持做好大事，而坚持是成功的前奏。

对于人之是善是恶之说，先贤有两种说法，一为性本善，一为性本恶。谁对谁错，我们不追究，因为这只是个人理解的问题。关于人性本恶，说的是人性当中都存在恶的一面，不加控制，放纵自己，就会让恶主导自己的人生，所以我们需要不断地改正自己工作和生活中的错误，不断地提升自己的行为标准，不断地升华自己的思想层次。当然，这是一个漫长的过程，在整个过程中，我们需要摒弃自己人性中“恶”的一面，提高自己的思想境界，控制好自己的极端情绪，端正自己的行为。在人生“满”的时候能够收敛锋芒，如履薄冰；在人生“落”的时候能够反思自身，积极改进来成为更好的自己。

人生在世，有两点尤为重要，即修身养性和收敛自身，也就是要严格要求自己，并且朝着更好的自己不断地前进，坚定不移。而在这个过程当中，要求内心追求和实际行动要保持一致，要求想到的和做到的一致，说到的和做到的一致，知道的和做到的一致，内心和精神世界一致。一个人的一致性越高，他的人生就越积极，生活就越充实，工作就越高效，为人就越纯粹。过去看起来遥不可及的事情，现在都能够以一种轻松的心态来应对。当我们以更高的格局来面对人生的种种变化，在困难和挫折面前才能够越战越勇，才会强大到掌控自己的工作生活，从而成就精彩的职业人生。

【本节要义】

1.“知道”不意味“做到”。要脱颖而出，须践行自诺，说到做到。

2. 说到做到，一要管住自己，不放纵；二要戒心猿意马，无定心。

【思考题】

1.“合一”的最大挑战在哪里？为什么？怎么攻克？

2. 纪律、秩序、成果三者之间的关系是递进、因果还是并列？为什么？

3.“水滴石穿，绳锯木断”与“合一”的内在联系是什么？和“纪律”有无关联？与“复利”是否相似？

第三节 苦涩

汗与泪，铺就“脱颖而出”之路。

有这样一位老人，年近七十，小腿截肢，患有癌症，但是却依靠惊人的毅力登上了珠穆朗玛峰，并因此被记录进《吉尼斯世界纪录大全》，入选“2018感动中国”候选人。他，就是夏伯渝。

夏伯渝一生共挑战过五次珠峰，第一次因为让出睡袋致使双腿严重冻伤，万般不得已截肢保全生命，成为残障人士，攀登珠穆朗玛峰的目标似乎一下子远了很多。1996 年，不幸再次袭来，他被查出患有癌症。尽管人生的不幸接踵而来，但是夏伯渝始终没有放弃自己勇攀高峰的梦想，为了实现这一目标，他每天 4 点钟就起床训练体能，提高自己的攀登技术，为下一次攀登珠穆朗玛峰做好准备。终于，在第五次挑战世界最高峰时，夏伯渝成功登顶。夏伯渝说他的人生理想就是不被困难所击倒，不断挑战自我，勇攀高峰。

如今，夏伯渝老师已经年逾 70 岁，他用了 43 年的时间向我们证明了这样的一个道理，一个人触底反弹的能力有多强，他的人生就有多强大。

夏伯渝老人的故事恰如巴顿将军曾经说过的那句话：考验英雄的，不是能够站上的高度，而是触底反弹时的硬度。夏伯渝老人的故事让我们看到，人这一辈子不免会遇到大大小小的挫折、困顿或失败，能不能从一堆烂泥中站起来，能不能从深渊中爬出来，就看有没有触底反弹的能力。没有这种能力的人，会从此在低谷中一蹶不振。具备了这种能力，人生便能看到转机和曙光。**而一个人在最低谷的时候，能够让他触底反弹的最主要的因素之一就是心态，是那股子百折不挠的韧劲和精神！**

“人生不如意十有八九”。人的一生当中不可能一帆风顺，如自己所愿。总会出现各种各样的痛苦和折磨，十件事里有八件甚至九件都不尽如人意，我们总会在得到或失去中盘旋。心态不好的人在面对逆境时，渐生疑虑，逐渐迷失，在自己漫漫的人生路中，增添无数烦恼；而心态好的人则是面对困难，勇于接受现状，不被命运所击倒，不会怨天尤人，而是越挫越勇，努力提升自身，改变现状。身处逆境，到底是一蹶不振，还是勇往直前，完全取决于自己。心态越积极向上，未来就越美好，人生之路才会越走越宽。

心态决定一个人的成长高度，在生活中、职场中，做任何事情、任何工作，都是如此。每一个人往往都是抱着巨大的热忱进入职场，也都期待在职场做出一番成绩。但是几年之后，有些人经过职场的打磨，成就了一番事业，生活和人生都取得了巨大的收获，但也有些人经受不住职场的惊涛骇浪，过了很多年，依然在同一个岗位上原地踏步。这一切都是心态所致。

因为在职场上，简单、一成不变的工作不可能成就一番大事，要想成长和成功，**就需要具备成功者的素质和能力，而这些素质和能力并非凭空出现，它们是在一件又一件工作的积累、一件又一件麻烦事情的解决中练就的。**而我们更需要挑战的是具有挑战性的、从没接触过的从 0 到 1 的突破性工作，这样，工作能力才能得到突飞猛进的提升；并且在工作需要的时候我们需要加班，需要持续不断地学习，需要付出加倍的努力，需要承受巨大的压力，吃得了这些苦，才会具备成功者的能力；同时，也要受得了委屈，经受住考验，抱着一种成长的心态，吃得了这样的亏，我们才能具备成功者的胸怀。

所以，在职场，面对痛苦和得失，首先要摆正自己的心态，满怀热情，多去寻找并放大积极的一面，不抱怨，不冷漠，不浮躁，不消沉；其次，开始尝试做出改变，积极解决实际难题。既然目标依然在那里，那么就改变一种工作方式，重新投身工作。面对同一件事情，良好的心态带来的是处理问题的不同的方式方法，不同的方式方法带来的是不一样的结果，不一样的结果带来的是不一样的职业之路，不一样的职业之路带来的是不一样的人生和不一样的命运。

一 / 吃苦

天将降大任于斯人也，必先苦其心志，劳其筋骨，饿其体肤，空乏其身，行拂乱其所为，所以动心忍性，曾益其所不能。只有这样，才能让他磨炼出超人的意志和百折不挠的坚定信念。唯有具备这种意志品质的人，才能攻坚克难，过关斩将，最终成就大业。我们所熟知的杨绛先生也有过类似的表述，她指出一个人历练的程度决定了其修养和能力的高下。就像研磨香料，磨得越用力，香料颗粒就越细小，散发的香气就越加浓郁，芳香也越持久。

所以，“吃苦”不但是成功者的铺路石，更是达到事业成功的必经之路。吃苦让我们知道生活的芬芳绝非一蹴而就，成功的喜悦也非唾手可得，不积吃苦之“沙”，无以成事业之“塔”；它还能让我们学会感恩，当我们知道一切来之不易，自然就会珍惜。是的，通过吃苦见到了世间百态，体会了生活艰辛，便能让一个人成长、成熟、强大、阳光。要想成为有担当的人，首先就要培养自己吃苦耐劳的精神。在职场，更是如此。

（一）什么是吃苦

大多数人对吃苦理解得太浅、太片面了。我国的发展历史也无时无刻不在告诉我们吃苦就是日常严格地对待自己，家财万贯却保持节俭的生活态度，杜绝攀比浪费。从小我们的父母也在传输着这种价值观。这让很多人形成一种印象：吃苦就是穷，就是生活拮据。其实不然，吃苦并不仅仅是受穷的能力。

吃苦的本质是对痛苦、困难、挑战、失败、寂寞等艰辛的一种承受能力，一种忍耐能力。当一件事情已经超出肉体和精神承受能力的时候，还能再坚持一段时间。在精神层面，吃苦是指扛得住压力，经受得起困难、挑战和失败。

人一生中要吃很多苦。例如说生活的苦，有些人生活拮据，于是吃得不好，穿得不好，住得也不好；还要吃学习的苦，为了考个好成绩，放弃娱乐生活、无效社交、无意义的物质消费，每天学习到深夜；也要吃执行工作的苦，职场中工作推广、拼命出成绩、加班、解决工作当中的挑战等。有些苦是被动吃的，例如需要承担养家责任，勇挑生活重担；有些苦是主动逼迫自己吃的，例如为了考个好大学每天学习到很晚；还有些苦是要敢于吃的，例如说在职场为了实现自己的梦想或者是目标，敢于挑战前进路上的一切困难和障碍。

对于很多人来说，不吃学习的苦，不吃执行工作的苦，就必然要吃生活的苦。**生活的苦，对很多人来说是被动地吃，不得不吃，但是执行和学习的苦是需要我们强迫自己并且能够勇敢地吃起来的，是主动吃的。**换句话说，只要成长，我们就要主动吃苦；否则，就得被动地吃生活的苦。

很多人说，吃苦是一种财富。其实就生活的苦来说，它本身并不是一种财富，对苦的反思、自省和改变才是。我们需要通过主动吃学习和执行的苦去改变生活的苦，这才是财富。**所以真正的吃苦并不仅仅是任劳任怨，而是为了跳出舒适圈，突破自身成长所遇到的、吃到的苦。**吃苦本身没有意义，为了吃苦而吃苦也不是吃苦的目的。吃苦真正的意义在于，吃苦为我们带来洞见和反思，让我们得到成长。不吃苦，不足以领略世界的艰辛，吃不下有价值的苦，不足以实现真正的突破与成长。

李开复在某高校的一场公开演讲中，提到过两位职场新人的经历。当时，李开复所在的部门，同时招进了两位新人，其中一位新人甲，名校毕业，英文水平比较好，他负责整理一些演讲稿。李开复会提前把所需的资料发给甲，他只需把中文翻译成英文即可。但在过程中，需要反复核对资料，并且确认单词拼写正确与否，所以这项工作既繁杂又重要。

对于这样一份工作，甲认为是大材小用，做工作时完全不上心，翻译时粗心大意，经常出现拼错的单词。与之合作的同事，不得不为他进行第二次的审核与校对。甚至在和主办方核对稿件时，出现了一些问题，不得不由公司出面去承担后果。

而新人乙，是普通院校毕业，英文水平也比较一般。他主要负责数据的整理工作。这项琐碎的工作，需要花费大量的时间来进行梳理，梳理完以后再进行核对，最后再把这些数据进行整合。乙自知自己的学历及能力都比不上甲，所以在接到工作任务后，总是不厌其烦地核对、整合、确认，总是上班第一个来，下班最后一个走。

因为租的房子离公司比较远，上下班坐公交车需要耗费两个小时的时间。为了节省这部分时间，他搬到了距离公司近一点的地方，由于房租费用增加，所以他就尽量节衣缩食。经济虽然紧张了，但是上班的路程从原来的单程一个小时，缩短为半个小时，这样一天在路上花费的总时间就节约了一个小时。在他看来，这一个小时够他做很多事情了。他利用这部分用钱买来的时间，一遍遍地校对数据，反复地检查。当然他吃的这些苦也没有白费，他整理出来的数据，没有出现一个错误，跟他一起合作的同事也因为这份准确无误的数据减少了很多的工作量。

三个月后，他留下来了。而甲则被调到了其他的部门做着一些无关紧要的工作。

很多企业的招聘要求里都会出现“有吃苦精神”这几个字。这就说明任何一份工作都是有压力、有困难、具有挑战性的。企业希望员工在面对困难时，能够吃得下这份苦。因为一点障碍就放弃的员工，企业不会重点培养这类人。

在学校我们的主要任务是学习，接受知识，但是执行工作是不一样的，**除了要完成上级交代的任务，还要积极主动地逼迫自己成长，**这就要求我们在职场首先要受得了执行工作的苦，受得了早睡早起的苦，受得了加班的苦，受得了不断挑战困难工作的苦。

职场的很多工作，对于我们来说，可能完全没有接触过，或者是做起来十分困难，要想很好地完成它，我们需要付出很多。在这个过程当中，可能会做错，可能会受到批评，一个方案可能改来改去依然通不过，或者是通过了却执行不下去，于是你可能会熬夜加班，可能每天睡前脑子里充斥的都是这件事情，可能会硬着头皮因为一个小问题去请教别人，也可能即使完成了，却效果甚微，甚至有些直接面对客户的岗位，会被拒绝……很多职场新人因为无法忍受这样的痛苦，所以在几年之后逐渐丧失对职场的期待，在一次次跳槽中去重新寻找自己的价值。

除了执行工作的苦，我们还要吃学习的苦。学习这件事情，本身就很苦，而且职场要求的是终身学习，绝对不是进入职场之后就可以放之任之，需要学习的东西反而更多、更复杂。我们要学习如何做人，如何提升专业知识，如何提升工作能力，还需要不断学习新的知识以确保自己在未来不被企业和社会淘汰，这比在学校单纯地被灌输知识更复杂、更艰难、更长久。我们需要向身边优秀的职场人学习，向自己的竞争对手学习，需要阅读书籍，甚至可能还需要报班补充自己的知识储备。而很多人认为进入了职场就万事大吉，殊不知，进入职场只是另一种开始。所以，进入职场，学习的苦不吃，我们可能会把知识用尽，然后发现自己已经被淘汰了。

除了执行的苦、学习的苦，还要吃担当的苦，**每一个岗位都代表着一份责任，没有责任心的人是很难具备吃苦意识的。**初入职场，要做到专注于本职工作，精益求精，让自己的工作对得起企业发给我们的薪水。同时，对自己本职及以外的任何工作不推诿、不懈怠，犯错了勇于承认，不抱怨，就是尽到了责任。

总之，在职场的成长就是一个不断吃苦的过程。我们要敢于接受有难度的工作，乐于接受别人都不愿意接受的“苦差事”和“烂摊子”，知道自己的职责所在，付出比以往更多的勤奋，埋头苦干，耐得住寂寞、困难和挑战，持续学习。吃不了这些苦，就要忍受生活的苦。很多人可以吃生活的苦，他们吃得差、穿得差、住得差，却永远也吃不了学习的苦、执行的苦和承担的苦。他们总是抱怨命运的不公，**殊不知，一个人只有吃得了职场中的各种苦，才能不在生活中受苦；否则，这种苦就会伴随一辈子。**这种吃苦的过程，带来的结果是“甜”和“乐”，这种苦本身就是一种财富和成长。

（二）只有吃得了过程的苦，才能享受结果的甜

敢于吃苦的人往往会先苦后甜；怕吃苦的人往往会先甜后苦。到底是苦前甜后，还是甜前苦后，这折射出的是一种不同的人生态度，我们要看到吃过的苦将来会带来什么样的结果，如果只为眼前利益选择先享受，将来还是注定要吃苦的。吃苦的过程很苦，但是能享受到的结果却是甜的。

很多企业在招聘新员工时，都非常看重这样一种品质：是否肯从小事做起，在工作中是否敢于吃苦，能否克服困难。只有那些勇于迎难而上、敢于吃苦、愿意从小事做起的员工才是企业眼中的优秀人才。

进入职场要吃很多的苦，这是从小白变成职业人的必经过程，当然这个过程很苦。执行工作的过程很苦，持续学习的过程很苦，承担责任的过程也很苦；能力增长的过程很苦，经验累积的过程很苦，成长的过程也很苦。而有些人不是能力不行，也不是经验不够丰富，更不是不想成长，只是因为吃不了过程的苦，却只想享受结果的甜。一项工作接过来，发现自己不会做，但却不想去起早贪黑地查找资料，不想加班，也不想去咨询资深同事，更不想硬着头皮往上冲……导致工作到了截止日期还没完成，最终别人吃了这个过程的苦，享受了结果的甜，而自己只有羡慕的份儿。

在职场，任何一项工作想取得应有的成绩都必须走过一个苦的过程。成长的过程是痛苦的，只有吃下来这个苦，才会看到一个更好的自己！

（三）不要在最该拼搏的时候，选择舒适和安逸

曾经有人针对全国 60 岁以上的老人，做过这样一项调查，调查内容是他们一生中最后悔的事情是什么。结果发现，有 92% 的人都后悔年轻时不够努力导致年老时一事无成。是的，现实就是如此。当一个人在最该拼搏的时候，选择安逸和舒适，注定将来要吃更大的苦。年轻的时候，我们就该拼搏，就该奋斗、吃苦，这样未来才是丰满的。当我们年迈的时候，才不会后悔。

有这样的一个小故事，蚂蚁每天忙进忙出采集食物，以便挨过漫长寒冷的冬天。而蝉呢？忙着在枝头唱歌跳舞。看着蚂蚁们一个个满头大汗，气喘吁吁，蝉站在高高的树枝上嘲笑道："你们这群笨蛋，现在还没到冬天呢，活该累死你们！你看我唱唱歌，跳跳舞，不知道多舒服自在呢。"

温暖的秋天很快就过去了，凛冽的寒风带来了冬天。在一个阳光明媚的冬日午后，吃饱喝足的蚂蚁们爬出洞口，准备晒太阳，刚一推门，就发现趴在地上奄奄一息的蝉恳求道："蚂蚁兄弟，求求你们救救我吧！我快饿死了！给我点儿吃的吧！"好心的蚂蚁们给它拿出一些食物，说道："现在你还觉得我们夏天秋天储存食物是愚蠢的行为么？如果你当时也能像我们一样去采集食物，不是整天唱歌跳舞，现在你就不会饿肚子了！"

很多时候，人生没有太多选择，有些路必须要走，有些苦必须要吃，唯有如此，人才有资格走自己想走的路，才能少吃一些苦。现在不吃苦，将来则会吃到更多的苦。每个人都有自己的梦想和追求，然而正如高晓松所说，生活除了诗和远方，还有现实，在现实和梦想之间，还有很长的一段路要走，这段路走不完，我们不可能实现自己的目标和梦想。**同时在这条路上出现的有痛苦、困难和各种障碍，但是它们也伴随着两件东西一起出现，一是财富，二是成长。**

很多人对于工作的要求是事少、钱多、离家近、责任轻，这背后所折射的是一种不劳而获的妄想，更是一种逃避吃苦的心态。追求“钱多”“离家近”都无可厚非，但何为“事少”，何为“责任轻”？所谓“事少”，无非就是不用熬夜加班，不用为了工作付出太多的心血，所谓“责任轻”，更是不想努力而找出的托词。但是在这个世界上根本就不存在轻松的工作，无论从事什么岗位，身处什么职位，工作中都是困难重重，挑战多多。别人做的那些所谓的“轻松工作”，都是别人经过无数个日日夜夜的焦虑和煎熬或者是打拼奋斗磨炼出来的，才熬成了在他人眼中的一份镇定和自信。他们苦在前，甜在后。而面对吃苦，大多数人又都会选择第一种生活状态。

初入职场，我们可能还接收不到挑战难度过大的工作，所以很多人就会把这当作职场的常态来对待，疏于学习，疏于成长，在本该拼搏的时候选择得过且过，混混沌沌，丝毫没有危机感。这样的人极有可能在步入职场几年之后，发现自己一无所获，两手空空，要能力没能力，要经验没经验，从而付出较为沉重的代价。与其追求根本不存在的轻松，还不如学会享受在努力中成长。这世界上唯一不变的，就是变化。只有在努力中不断成长，才能早日摆脱辛苦的状态。

“吃得苦中苦，方为人上人”典出于明·冯梦龙辑《警世通言·玉堂春落难逢夫》，意在只有吃完了该吃的苦，才能成为人中龙凤。而事实上，即使吃了很多的苦，也不一定就能获得巨大的成功。**但是这种敢于吃苦的态度是我们过好人生、做好工作所必须具备的。**年轻时敢于吃苦，我们可能成为不了某一领域获得巨大成功的人，但是我们的人生一定会越过越好。

想要将来舒服，就要在现在敢于吃苦，敢于拼搏；想要现在舒服，那就去放纵自己吃喝玩乐。我们要想比原来的自己强，比别人强，就要去做别人和过去的自己难以完成的事。我们想要在未来过得更好，成为更加优秀的自己，就必须去承受更多的困难、挫折还有挑战，因为不吃奋斗的苦，就会吃生活的苦。不要在最该奋斗的年纪，选择了安逸。

二 / 吃亏

相信我们在看过“立命”这一章节之后，都会被乔致庸的经商才能所折服，他本是一介书生，但是进入商界后依然能够如鱼得水。乔致庸代表的是晋商文化，为什么晋商能够在商业上取得如此大的成就呢？山西学者王尚斌曾说过“学会吃亏”是晋商秘不示人的祖训。直到现在，很多成功的企业家也都在坚持着这一准则。

李嘉诚，依靠自己过人的商业头脑成为中国首富，是很多人崇拜的对象。对于他的赚钱能力，大家自然更是津津乐道。有人就曾经问过李嘉诚的儿子李泽楷这样的一个问题：“您的父亲是否传授给了您一些赚钱的秘诀呢？”李泽楷答道：“天底下哪来的什么赚钱的秘诀呢？要说教给我，父亲只教会了我为人处事的哲理，其中很重要的一点就在于作为商人，我们要学会吃亏。和别人做生意，我们总是比别人少拿二分，我们亏二分，他们赚二分。一传十、十传百，大家都知道和李嘉诚合作会多赚一点，愿意和他合作的人就更多。合作的人多，生意就多，生意多，赚得就多，就这么简单，所以要说秘诀，我想这就是我父亲的秘诀。”

所以，李嘉诚的赚钱秘诀就是，自己吃点亏，会有更多的人与自己合作。一项生意，他拿六分，别人拿四分，但是合作的人却多了好几倍，生意源源不断，他到底是赔是赚呢？正是这样的一种气度和赚钱态度，才让更多的人与他合作，日积月累，李嘉诚先生的人脉越来越广，生意越来越多。同样的道理也适用于职场中，吃亏多的那个人最终都不会吃亏。

职场上，那个工作最努力、加班最多，总是挑别人不愿意做的烂摊子的人不是傻，而是在努力累积工作经验，提升工作能力，以便将来挑战更有难度的工作，在公司需要的时候担当重任；朋友亲人之间吵架拌嘴，那个一味忍让的人，不是他不回应，而是他爱对方多一点。而机会恰恰握在这样的人手里。别人觉得是舍，他其实是在得。在这个世界上，决定我们能否获得成功的不只是能力和经验，人的格局更加重要。所以人们才常常说：“吃亏是福。”

（一）为什么说吃亏是福

吃亏，是指被人欺负或是占了便宜，导致自己的利益受到侵犯。例如排队时看到别人有更加紧急的事，你主动让他加队，自己却站到了队尾。职场上，不是你的本职工作但是由于某些原因你去做了，本来不是你的错，但是因为某些情况没弄清楚让你承担了责任，等等。人生当中，有两种吃亏，一种是我们主动吃亏，另外一种就是被动吃亏。**主动吃亏是指明明知道自己吃亏，但是却愿意放弃自己相关利益，愿意付出。**而我们要讨论的是主动吃亏，因为主动吃的亏，才更是福。

李嘉诚创业初期，有一家贸易公司订购的玩具因为外商资金问题导致无法签收，贸易公司的负责人说明情况后愿意进行赔偿。但是李嘉诚确认为这次损失并不大，且这一批玩具不愁没人买，就没有让对方进行赔偿。

就是因为吃了这么一个小亏，贸易公司的负责人看到了李嘉诚先生身上的大度和气量，从此认定他是一个可以长期合作、讲诚信的商人，便把李嘉诚先生推荐给了一个塑料厂的美国客商，这位美国客商在李嘉诚先生的工厂签订了六个月的订单，并成为了长期客户。

李嘉诚吃的这个小亏，给他带来了更大的生意。很多时候，一件事看似吃亏，实则受益；一个人，若能吃亏，必少是非。这就是所谓的吃亏是福，这是一种礼让、宽容的品质，能够赢得别人的信赖和尊重，这样的人经常会得到一些能力之外的收获。

有一位研究生曾经讲述了一段亲身经历。当时，他负责一个课题的研究，很多事情都要自己动手，从设计项目到自制实验设备都要消耗巨大的精力。过程中碰到了很多困难，令人感到焦头烂额。一个课题组的同学都怕麻烦，所以不动手只动口，动手的事都由他包了。于是他就把过程中所有碰到的难题一一解决。当时有人觉得他太吃亏了，凭什么别人什么都不干，却指挥着他去做呢？但后来的经历，证明他这个亏没白吃。在参加工作后，遇到问题时，他能很快动手解决，快速获得了同事们的肯定。

在职场也是，有时候加班，本来不是你岗位的事情你完成了，明明不是你做的事情但是出现了问题却让你承担，**把这些亏主动吃了，也就意味着你的能力先人一步得到了更快的提升，你的经验先人一步得到了更深的累积，**你的心胸和格局也在委屈中越撑越大。结果就是你的职业之路发展的比别人更快，你的职场含金量更高，你在职场的信心越来越足，每一次吃下的“亏”，其实是机会和价值，这就是你吃过的亏带来的“福”。

小伙子杰克新入职了一家石油公司。由于初来乍到，没什么经验，所以对于同事们推给他的工作，都热情地帮忙解决。但时间长了，影响了自己岗位职责之内的工作，因此，杰克多少有些不高兴，但因为是新人，所以同事们的无理要求他还是都忍了下来。

杰克怎么也想不明白，自己的一片好心，不仅没有换来同事们的好感，反而让他们得寸进尺地提出了更多要求。终于有一天，杰克爆发了，因为同事们没完没了地要求，他与同事大吵了一架，并下定决心赶快离职，另寻出路。

当晚，满腹牢骚的杰克跟父亲说起此事，依然气愤不已。父亲说道：“孩子，你能保证到了新公司，到了新岗位上，就不会遇到同样的问题吗？就没有同事欺负你了么？我相信你的同事们一定做得很过分，才让你如此生气，但是逃避不是解决问题的办法，你在这里没解决的问题，到了下一家公司面对同样的问题，你依然不知所措，这个问题靠跳槽是解决不了的，你应该学会勇敢面对。现在，你不妨从另一个角度来看这个问题，你刚刚进入职场，还有很多不懂的地方，你需要学习，需要提升工作能力，需要累积工作经验，这些谁能教给你呢？我想你的同事们刚好是个突破口，他们请你帮忙，你不刚好可以学习你不懂的知识，了解你没接触过的领域么？这对你的发展是有好处的。你现在吃的亏不见得就是坏事，你要摆正心态，把帮助别人的机会当作成长的过程，真诚待人，相信他们一定会理解你，帮助你的。今天你在他们身上的付出，一定会在将来某个日子里以另外一种方式回馈于你，并且你的所得会比你的付出多得多。”

父亲的一席话令杰克瞬间明朗，于是他停止抱怨，也不再被动地接受同事们工作，而是更加主动地帮助他们。果然，他很快就成了公司里最受欢迎的人，而那些曾经对杰克提出要求的同事们都成了他的老师和朋友。

后来，杰克甚至在生活中开始运用这样的一条原则，短短两年时间，他就得到了晋升，成为公司最年轻的市场主管。

初入职场，由于我们的工作能力相对较弱，经验也不如其他同事丰富，再加上我们对企业不了解，想要迅速站住脚跟，是一定要吃一些亏的。在能力还跟不上想法的时候，要靠态度来弥补。如果一边本事不成，一边什么都不愿意做，谈何成长呢？而故事当中的杰克，作为一名职场新人，他多做的工作，多付出的时间和精力都转化成了强大的能量。他的能力、经验和学识都不断地丰富起来。**所以，在职场只有多做，才能更快了解业务，只有多参加培训，才能更快熟悉行业、专业及政策，只有多帮助同事才能赢得他们的信任。**看似失去了很多，但实际上得到的难道不比失去的更多么？

在职场，吃亏不是一种方法，而是一种心态。大凡能直面人生、坦然“吃亏”的人，就已经进入了脱凡俗求真我的崭新境界，人生仕途也随即为之大变。时至今日，个中滋味依然值得任何有志之士深深体味。的确，“吃亏”不就是那种矢志不渝，为梦想孜孜不倦，敢于付出，甘心牺牲，从而最终成就梦寐以求事业的大智慧吗?

所谓吃亏是福，是指有些心胸开阔之人，在需要他付出时，不抱怨，能够战胜困难；在争名夺利时，能够倒退一步；在需要承担集体责任时，能够挺身而出……**所谓吃亏是福，是因为有些人所做的事情并非仅仅围绕个人利益得失，而是因为内心深处更高层次的处事标准。**所以，吃亏，是做人的一种智慧，是一种境界，更是一种浩然的状态。

（二）吃亏——一种浩然的状态

提到吃亏，总会有些人嗤之以鼻，认为那是懦弱或是不够聪明的表现，所以在现实的生活和职场中，我们不难见到一点亏也吃不了的人，吃了亏就想不开。更有些人吃了亏之后睚眦必报，把事情弄得不可收拾，让自己因小失大。事实上，没有人愿意吃亏，人性本就是趋利避害的，鲜少有人愿意奉献出自己的利益。愿意吃亏的人并不是他们不够聪明，恰恰相反，这种人心胸开阔，平心静气地展现出了自己的度量，从而获得了他人的尊重和信赖。

俞敏洪在北大上学的时候，每天都会拎着同学们的水壶，帮助大家打水，后来，同宿舍的同学们习惯了俞敏洪为他们打水，如果有一天俞敏洪因为什么事情忘了打水，同宿舍的同学还会抱怨道：“俞敏洪今天怎么还没打水？”听起来这些同学确实挺气人的，但是俞敏洪却不以为然，他不认为这是一件多么吃亏的事情，反而觉得同学之间互相帮助是应该的。

毕业后，俞敏洪创业做起了新东方。企业的发展需要人才，俞敏洪就想到了当初的同学们，他跑到美国，跑到加拿大一个个地去寻找。而当年那些打打闹闹、睡在俞敏洪上下铺的兄弟们一听是俞敏洪来找他们，纷纷放弃高薪辞职回国来支援俞敏洪，他们如此做的原因很简单也很意外，他们说："俞敏洪，我们之所以回去就是因为你能够坚持整整四年为我们打水。我们知道，你有这样的一种精神，而这种精神是很多管理者所不具备的，所以你有饭吃肯定不会给我们粥喝，就凭着你愿意吃亏的精神，我们愿意抛下一切，跟着你干，让我们把新东方做强做大！"于是就有了今天的新东方。

为什么我们说吃亏是一个人的高深境界？首先，通过俞敏洪心甘情愿地为室友打水，我们可以看出这种人首先用好的态度来对待吃亏，把吃亏看得很淡，并不觉得吃了眼下的亏自己的利益就受到了影响；其次，在他们眼中吃亏并不一定是坏事，要么可以从中吸取教训，要么可从中寻找机会，这就是吃亏的积极一面，俞敏洪看到的是大家互相帮助，团结的一面；最后，他们知道吃亏是大收益的前提，主动吃亏可以带来更大、更好、更多的机会。

所以，**初入职场，我们应该勇于吃点亏，敢于吃点亏，多做一点，多学习一点，多承担一点，看得长远一点。**眼里有大事的人会不拘小节，会把别人眼里各种吃亏的事情看作是自己试错的机会，多做事才会有成绩，有了成绩，才能让人看到。在这个信息传递速度极快的世界，只有主动展示自己才能让自己成为影响力中心，慢慢地，我们就会逐渐超越没有这样做的那些人。

一位初入职场的大学生，所在部门的领导突然被调离，因调离仓促，有一笔账目处理得不是很圆满，此账目并未经他手，但新来的部门经理刚到，对很多情况并不熟悉，只是看到该账目牵扯的企业是由这位大学生负责联系的，于是非常严厉地对他提出了批评，并且要求每个月扣除他500元的工资，持续一年以示警告。

对于新来领导的批评，他没有辩解，甚至没有多说一句话，默默地接受了这个处分。

伴随着时间的推移，新领导对环境越来越熟悉，也对这个踏实真诚的下属越来越有好感，越来越器重。有一次，前任部门经理来附近办事，顺便来到公司看一看，恰好遇到了新领导，两个人寒暄了很久，并无意间谈论起此事，前经理听后立刻做出了解释："那件事情跟他没有关系，是副总当时委托我们部门办的，他当时并不知道。"新来的经理听后，是既内疚又欣慰，从此对这位大学生更加欣赏，认定他是个能成事的人，对他也格外栽培。

三年后，部门经理获得提升，他向单位举荐了这位大学生作为自己的接班人。此提议得到了公司领导和同事们的全票通过。

我们可以想一想，如果当初这名大学生在接到新任领导批评的时候，立刻反驳，恐怕会给新任领导留下一个推卸责任的坏印象；相反，默默承担下来，事情反而得到了更大的转机。

在现实职场中存在很多类似的情况，例如说因办公室临时缺人手，领导让你负责摆会场倒茶水，你会怎么想？有人会拒绝，认为自己是个高校博士，给别人端茶送水实在是有失体面。名校的博士毕业生，他的学业必然是优异的，他的受教育程度也无疑是最高的，但仅仅因为端茶送水不在自己职责范围内，而且又没有任何技术含量从而觉得吃亏，就当面拒绝领导，如果你是领导，你会重点培养他吗？肯定不会。职场勤职为要，有些亏我们不得不吃，关键就在于，**以一种什么样的心态看待自己吃的亏，是心平气和地接受，看到更远的收益，还是气急败坏地推卸责任。**

日常工作和生活中，一个一丁点儿亏都不能吃的人，注定是一个心胸狭隘、斤斤计较之人，这样的人，注定不会成为工作和人生的胜者。因为小亏吃不下，必然要吃大亏。他们的格局就决定着这样的结果。因为格局小的人会和各种机会失之交臂。所以在生活中，在人际交往中感觉自己吃了亏的时候，不要去抱怨什么，要以平和的心态去对待这一切。因为我们吃过的亏将来都会以各种形式加倍地回报我们。

（三）我们吃过的亏将来都会以各种形式回报我们

某资深调研机构对全国二十多个省市的职场新人展开了一项调查，其中涉及了一项关于“工作付出与回报的满意度”的问题，结果显示如下：

42.56% 的人认为，自己的付出略大于目前的工作回报，不是很满意；

38.71% 的人认为，自己的付出远远大于目前的工作回报，非常不满意；

18.73% 的人对工作回报率很满意，愿意继续付出。

几年之后，调研人员又对这些人进行跟踪调查。“对工作回报率满意，愿意继续付出”的那批新人，虽然所占比例最小，但却几乎都走上了管理层或是成为了公司骨干。而那些“比较不满意”或“非常不满意”的职场新人，大部分还处在基层岗位，抑或是陷入“换工作—不满意—离职—再换工作—不满意—再离职”的职场怪圈。

正如调查显示，很多处于起步阶段的职场新人，由于太着急看到回报，吃不得一点亏，丧失了很多机会，阻断了自己前进的道路。正如我们一直所说的，初入职场，不去吃该吃的亏，将来吃的亏反而更大。在职场，只有不足 20% 的人能够以一种平和的心态看待自己的付出，这些人虽然现在多做了很多，但是在漫长的职场之路上，反而收获了更多的东西。

从长远角度来看，吃亏实际上是一种投入，是一种付出，是对自己未来的投资，也是对人情世故的一种投资，既然是投资，或多或少都有回报。所以，我们吃过的亏，在未来的某一天都会回馈我们，而且是加倍的回馈。

一个毫无生意经验的年轻人，在他所在的县城开了一家水果店。他店里的水果售价最低，毫无利润可言。就在大家纷纷质疑他的能力的时候，他又开始涉足服装干洗业，仍然是零利润经营。虽然大家依然持质疑态度，但是有一点可以肯定，无论他做什么生意，永远是客户盈门。虽然表面上看起来一派繁华，客户络绎不绝，但这一切是他依靠赔本所换取的。所以，大家都认定他很快就撑不住了。果然，一年之后他停掉了所有生意，关闭了所有商店。

但是，他很快又筹措了一笔资金，开设了另外一家门店，只不过这次他经营的不再是水果和服装干洗，而是当地独家经营的寿司店。但是这一次，并没有零利润经营。半年内连开了两家分店。有人眼红寿司店的巨大利润，也想分得一杯羹，也开启了类似的店面，却没什么客户。

其实，他在创业之初想做的就是寿司。但是他也知道，寿司店在当地是第一家，能不能够做得起来，除了质量好、价格优之外，最重要的就是要打造出自己的个人品牌，并且一开业就能够拥有大量的客户群体。所以，他前期先以零利润的经营方式博得民众的认可，给他们留下深刻的印象。时间长了，他的经营就在消费者心中形成了一种根深蒂固的印象——只要是他经营的商品，一定是全市最低价。

“零利润”表面是不断地损失，但是背后却赚足了消费者的认可，只要提到“他”，代表的就是实惠和便宜的象征。零利润经营方式虽然短暂地损失了利益，带来的却是对个人品牌的认可和长期可持续性的回报，对于生意人来说，还有什么比这个回报更大呢？

吃亏，意味着舍弃与牺牲，但当我们失去某些东西的同时，也会获得另外一些东西。这个年轻人失去的是自己的金钱，但是收获的是顾客的信赖和品牌的口碑。他看似吃了很大的亏，但实际上他得到的是比失去的多得多的东西。

无论是进入职场还是做人其实都是这个道理。有时看似失去了自己的时间、自己的自由，失去了自己的精力，做了很多不是自己岗位职责之内的事情，也许承担了不应该承担的责任，也许加了班……看上去确实吃了很大的亏，但是几年之后呢？吃亏又回馈了什么呢？可能会由于出色的工作能力、良好的人际关系，获得一个更高的职位、一笔更高的薪水。我们主动吃的亏，在未来也一定会加倍地回馈我们。

人们在山顶上建了一座庙宇准备来供奉神佛，并在山上找到了一块很大很大的花岗岩，切割成两块，一块儿雕刻成神佛，一块儿打凿成庙宇前面的石阶。寺庙建好后，前来供奉的人络绎不绝，香火极旺。

望着高高在上的神佛，有一天夜里，台阶心里很难受地说道："你看啊，咱俩本来都是一块儿石头上的，可是命运却如此不同。我被做成了台阶，被那些供奉你的人踩在脚下，任他们践踏，可是你却受尽了他们的膜拜，高高在上，这真的是太不公平了！"佛像叹了口气说道："你只挨了六刀便被切割成了台阶，而我却是经历了千雕万琢才被雕刻成佛像的。你没有经历过我经历的刻骨铭心，所以你我的高度就不可能一样啊！"

这个故事告诉我们，**要想成长、成才、成功，必须要经历过各种各样的痛苦和经历，只有吃了一刀又一刀雕刻的痛，才能把自己塑造成想要的模样。**凡是没经历过波折和雕琢的人生，一定平碌无奇。

职场也是同样的道理。每个人都想把自己的职业生命发挥到极致，做到事业有成，这并非是做轻轻松松的工作就可以实现的。首先要主动吃得下执行工作的苦、职场学习的苦、职场担当的苦，没有这个过程，怎会换来最后的“甜”和“乐”呢？同样的，还要主动吃一些职场该吃的亏，因为多做的那些工作，主动承担下来的东西最终都会成为最好的礼物，给我们最丰厚的回报与反馈！

这就是人生，这就是职场，苦过了，亏过了，挺过了，我们就会变得更成熟，更强大！人生就会更辉煌！

【本节要义】

在向职业目标奋进的过程中，将会面临各种痛苦和得失。正确积极的心态，将会带来不一样的职业人生。

（1）主动吃苦：敢于接受有难度的工作，乐于接受别人都不愿意接受的“苦差事”“烂摊子”，持续学习，埋头苦干。

（2）乐于吃亏：在工作中，多做一点，多学习一点，多承担一点，看得长远一点。

【思考题】

1. 职场人为什么要吃苦和吃亏？

2. 吃苦和吃亏是否意味着懦弱？为什么？

3. 职场之旅可否免于吃苦和吃亏？

执行

责任

专一

第二章 行

第一节 责任

能力越大，责任越大，这不是选择，这是义务。

李秉喆是韩国三星集团的创始人，他交代继任者李健熙一定要有承担责任的勇气和诉求，不但社长如此，其他干部管理人员也一定要挑选勇于承担责任的人。一次，李健熙先生前往美国的分公司调研，当问到为什么美国分公司销售状况不好的时候，公司负责人把销售状况不好的原因归结到市场、产品、员工素质等问题上。听罢，李健熙大发雷霆。一个不敢正视困难和问题，不敢承担责任之人，永远不会得到企业的重用。

在职场，每个人的职位有高低之分，能力有大小之别，但都必须立足本职工作，肩负起应有的责任。责任感，会让我们追逐职业里最有价值的东西，把自己变得更好，也会让我们坚持那些正确的东西。负责任地去做人、做事，彰显出来的是做人的风格，展现出来的是做事的态度。

有个美国人倾尽所有创办了一家银行。不幸的是，开业不久就遭到洗劫。重创之下只能破产。储户的存款也随之烟消云散。但这个美国人却做了一个惊人的决定，要对储户存款承担无限责任，一定清偿到底，社会哗然。这位美国人坚定地说，尽管法律上他可以规避这笔债务和义务，但生而为人，不能辜负客户信任，债务应该偿还。

就这样，他打拼了整整39年，经历了常人难以忍受的艰苦生活，终于还清了所有的“债务”。在寄出最后一笔欠款时，他轻叹道：“现在的我终于无债一身轻了。”

这位美国人用他一生的经历，诠释了“责任”一词的内涵：做人、做事要有所担当。对他而言，偿还的不仅仅是债务，更是他负责任的心。同时，他也用自己的实际行动教会了人们如何做一个对社会负责的人。

所以，每一个人都要承担起自己应尽的责任。没有担当的人，做事情无法令人放心，没有任何一家企业愿意把重要的工作交给一个没有责任心的人去做。

企业检验员工可塑性的关键指标就是看他是否勇于承担责任。才能强，但缺乏责任心，是很难创造价值的；相反，即便能力欠缺，但责任心旺盛的人会不断推动自己进步，通过学习、思考和探索，持续拓宽自己的能力边界，为组织和企业开创越加美好的未来。负责任成为一种习惯，往往是一个人走向成功的开始。责任并不是一个人的负担，而是一种本应具有的信念；责任并不仅仅是一种能力，而是一种使命。

在生活中，我们需要担负起各种责任，让家庭更美好，为社会创造价值；而在职场，同样也需要更多的有责任和担当意识的人来创造更美好的未来。

一 / 什么是责任

在某部《蜘蛛侠》电影中，蜘蛛侠的叔叔在临死前曾交代他，不要辜负被赋予的超常能力，要关怀社会福祉，承担大任。作为蜘蛛侠，承担帮助他人的义务，这是自身的神圣责任。蜘蛛侠铭记在心，用一生践行对叔叔的承诺。

人对责任的态度折射出其内在的人生观、世界观和价值观。**承担责任就是完成自己的使命、兑现自己的承诺、履行自己的职责、做好自己的工作、交付既定的质量等。**作为父母，我们需要给自己的孩子创造美好的生活，让他们度过快乐的童年，接受良好的教育，能够开拓职业通道，造福社会；作为儿女，我们需要关心照顾自己的父母，不让他们过度操劳，老有所依，度过幸福的晚年；作为配偶，我们需要和自己的另一半共同创造美好的生活，承担起家庭的重担；作为朋友，我们需要维护友情，互相帮助，共同进退；作为领导，我们需要引导员工成长，让员工获得更多的认可和更高的收入，过上更有职业意义的生活；而作为员工，我们更应该拿出实际行动完成目标，完成自己分内的每一项工作任务，为企业创造价值，推进企业发展。

可见，任何一个角色该做的事情就是其责任所在。这些事情可能我们目前并不擅长，现在也不甚了解，但只要它是角色范围之内该做的事情，就要去热爱它，去拼尽全力，因为如果不去做那些事情，那么我们的存在就变得毫无意义，是这些事情彰显了人生价值，凸显了人生意义。

美国学者艾尔森博士曾连续追踪世界各专业领域顶尖的精英人才。研究显示，这些遥居云端的佼佼者们，大多从事着并非自己心仪的工作。他们究竟为什么能在并不理想的专业领域取得辉煌的业绩呢？通过对其中一位金融界的苏珊女士的深入了解，得到了有益的启示。

受到家庭熏陶，苏珊从小酷爱音乐，梦想成为一名音乐家。但世事难料，她因学业优异，竟被全额奖学金保送至麻省理工学院的工商管理专业，金融研究方向。苏珊认真学习，硕士毕业后，又继续深造，成功获得本专业的博士学位。进入职场后，经过打拼，如今她已是金融行业的一位杰出人才。

交谈中，苏珊向艾尔森坦言，如果时光倒流，她将义无反顾地投身音乐。然而，她也十分清楚这只能是一个浪漫的遐想："我只能把手头的工作做好……"

艾尔森博士直截了当地问她："为什么你能在你并不喜欢的专业领域，做出如此优秀的成绩？"

苏珊沉思片刻后，凝重地说，尽管金融专业并非首选，但既然选择了这个专业方向，就一定要圆满完成相关学业，认真完成课业和研究要求，兑现自己选择的承诺。这是身为职业人的基本责任要求，不能三心二意、心猿意马。

圆满承担责任是对专业、对自己和对企业负责的庄重义务。也许正是这份庄重的责任感才让她的职业之路硕果累累。

成功的优秀人士都有着同样的特质：对自己的工作拥有高度的责任心，永远抱有激情。即使他们所从事的并不是理想的工作，但他们依然带着满腔的热忱去承担那份责任，全身心地投入其中，没有半点虚假，没有半点懈怠和水分。毫无疑问，就是如此强烈的责任感一直陪伴着他们，激励着他们，鼓舞着他们，一路走来，最终登上了各自的职业巅峰。

除此之外，责任还意味着要对工作当中的过失和错误有所承担。对于新人来说，初入职场，由于工作经验欠缺，工作能力较弱，正处于一个不断犯错的高峰期。当然，在错误中成长，收获宝贵的经验和教训是每个职场人的必经之路，企业也给新人提供了很多试错的机会。企业不会因为新人工作当中一些常见的过失和错误就辞退他。但是，**企业会因为一个员工不敢承担自己的过失、寻找借口、推卸责任而减少对这位员工的培养。**推卸多了，被辞退的可能性也就越大。

有人认为，承认错误、承担责任就是否定自己，把自己钉在耻辱柱上。毫无疑问，这种感觉是令人不快的。但其实能够承认错误的人，反而能够让领导眼前为之一亮。因为站在管理者的视角，承认错误是一种魄力，是一个职业人应有的担当，没有这种担当的人，能力再强，也不可能担当重任。所以，作为新人，当自己的工作当中有了过失和错误的时候，不妨大胆地承担起自己应当承担的责任。如果把原本自己该承担的责任推掉，那么推掉的不仅仅是自己信誉，更推掉了潜在的机会。这样的人，在生活中得不到别人的信任，在职场，得不到企业的重用。

威廉是美国一家营销公司的市场调查人员，经过几个月的调查研究，在一个周五的下午，他终于完成对某产品的调研分析报告。为了确保整体工作进度不被延误，威廉决定赶在下班前把报告分发给各个部门。在大致检查完报告之后，他将文件打印出来，请直属领导审核签字。领导粗略浏览后，对整体报告结果非常满意，并当面对威廉这几个月的付出表示赞赏。紧赶慢赶，威廉终于在下班之前，将调研报告依次交到各部门负责人的手中。

短暂的周末过后，威廉在圆满完成工作的喜悦中开始新一周的工作。但是在重新翻阅报告时，他突然发现，关于用户对产品包装的喜好度，报告上的数字，比正确数据多出了20%！很明显，这是在数据录入环节出现了错误，而这个错误，将极大地误导研发部之后的产品改良计划。发现这个非常低级但又致命的错误后，威廉准备立即向领导汇报。但是想到领导和各部门负责人大发雷霆的场景，他立刻又退缩了。坐在自己的位置上，威廉反复权衡考虑：是装作不知道混过去，期望其他人都发现不了？还是咬咬牙向领导承认错误？

思考良久，威廉还是敲响了领导办公室的大门，向领导承认错误，并愿意一力承担恶果。但让威廉感到意外的是，领导并没有责备他，而是安排他立即向各部门负责人，尤其是研发部解释这一问题。根据领导的指示，威廉拿着修改后的报告文件，送到各部门负责人的手中。没有预想中的冷嘲热讽，更没有预想中的颜面扫地。对于威廉主动纠错的行为，各部门负责人反而纷纷给予肯定和赞扬。

如释重负的威廉不仅没有因为犯错丢掉工作，反而凭借迅速的直面错误、承认错误，在领导心中形成了坦诚、有担当、值得信赖的好形象，让他在后期赢得更多工作机会，在职场大放异彩。

工作中难免会出现失误，威廉正是靠着这种勇于担责的态度和行动，赢得了领导的谅解和青睐。在职场，每一项工作是谁做的、怎么做的、配合的人都有谁、中间哪些环节容易出问题、会出现哪些问题，作为拥有丰富工作经验的企业负责人和资深职场人士非常清楚，当出现问题的时候，他们最不愿意看到的是一个职场新人千方百计地寻找借口，推卸责任；而是希望看到一个职场新人能够秉承着担当的态度，勇于承担责任。

美国前总统奥巴马说过，我们身处一个负责任的大时代，没人能够逃避。承担责任的最好方式是勇敢地面对、拥抱、呵护它。只有切实负起责任，才能为组织、企业和社会创造真正价值。我们进入职场，奋勇拼搏，力争上游，直至脱颖而出，就一定要具备勇于担当责任、不辱使命的品质。

我们通过企业获得展现自我、服务社会的机会，想要把工作做得尽善尽美，离不开强烈的责任心。因为一个人只有拥有了高度的责任感，才能自觉把岗位职责、分内之事铭记于心；只有拥有了责任心，才会不断地打磨技艺，不因循守旧，不墨守成规，才能为企业创造价值。

对职业人来说，“责任”既是最基本的职业精神，也是一个人工作的基本准则。一个人一旦失去了责任感，即使面对他所擅长的工作，一样也会错误百出；而一个人带着责任感去工作，那么即使是他不那么擅长的工作，也会取得出色的业绩。

肯德基在开辟大中华区市场前，曾派人前来调研。调查员站在首都北京的十字街头，驻足凝视，观察来自四面八方的中国人。通过市民的穿着、用品和消费行为，做出结论，认为中国人的消费能力低下，绝大多数人无力消费美国炸鸡，没有销量，投资中国难以获利。调查员的结论基于主观判断，无法说服公司决策层。

第二位调查员采取了全然不同的调研方式。他沿用专业的方法，借助秒表测算街头人流量。又邀请大量市民品尝炸鸡样品，给出反馈意见。还做了详尽的拦截式市场调查。在大量市场数据之上，得出北京消费潜力巨大，投资前景可人的结论。功夫不负有心人，首家肯德基店开业火爆，当年盈利近三百万元。

同样的工作，两个责任心不一样的人来完成，取得的数据和结果却完全不同。富有责任感的员工，他会付诸一切的努力去完成公司交代的任务。条件不完善，他们会创造条件；人手不够，他会让自己多付出一些时间和精力，从而在自己的岗位上发挥出最大的价值。

“责任保证绩效”，管理学大师彼得·德鲁克如此认为，而如今的很多企业管理者也从这句话中悟出了提升绩效的根本所在。职业人承担责任的目的就在于为自己创造绩效，为企业创造价值。职场中的每一项工作都不是独立存在的，只要它存在，就一定有其存在的意义。无论是直接创造价值的销售岗位，还是间接创造利润的管理岗位、行政岗位，都是企业发展中不可或缺的力量。所以企业想要更好的发展，每一个岗位的每一项工作任务必须很好地完成，员工们只有担负起各自岗位应当承担的责任，才能极大地推动企业发展，为企业创造价值。

二 / 人的一生就是不断承担责任的过程

人的一生要经过很多阶段，而在不同的人生阶段，总会有不同的责任要担当，这个阶段的责任不承担起来，那么他可能不会顺利抵达下一个阶段；在每个阶段，我们充当着各种不同的角色，可能是子女，可能是学生，可能是父母，可能是员工，可能是领导……每种角色也都有其责任需要承担。人是环境的产物，我们每个人与社会息息相关，所以我们还要承担法制责任、道德责任等。说到底，人的一生就是不断承担责任的过程。

职业人要圆满完成职责，按质量交付产品或服务；职责以外的事，只要有能力，就想方设法地去做好；不能做的，或是做不到的，要提前告知说明，不要随意承诺，耽误别人。

作为一名职业人，就是要尽其所能地肩负起自己的岗位职责，对个人负责，对企业负责，对未来负责。

（一）对自己所承担的角色负责

人在各个生命阶段要承担不同的责任角色，我们要深刻体味各个责任角色的深层意味，由内而外，水乳交融地演绎出各个责任主体的灵与肉，不负此生。当一个大学生成为一个职业人，他肩膀上扛着的责任也发生了天翻地覆的变化。学生的责任是汲取知识，扩大眼界，为更好地走上社会做准备。**而进入职场，做好本职工作，能够不折不扣地完成任务，能够创造出与所得薪资等值的价值，就是职责所在。**如果拿着企业的薪水，但是承担的工作所创造出来的价值却完全无法与薪水等值，那么他在职场就逐渐失去了信誉，久而久之，个人在职场的价值会越来越低。

曼迪诺在撰写《矢志不渝》这本书时，需要招聘一位誊写员，负责将自己几个小时的录音整理成文字。这项工作对曼迪诺如期交稿非常重要。于是，曼迪诺招募助手来协助自己。密斯先生在众多应聘者中比较突出，履历表上硕果累累，看似才能卓著，应该能够完成该项工作。面试中，密斯先生许诺仅需半个月就能完工。

不幸的是，没几天，曼迪诺吃惊地发现密斯没有兑现自己的承诺，工作进度严重滞后，而且已经编辑的段落，要么错别字连篇，要么整段遗漏。令人无法接受的是，密斯对工作信口开河，大话连篇。鉴于项目进度已严重滞后，曼迪诺不得不另选他人。

后来，曼迪诺受政府委托负责一个重大项目。为按期交付，他需要助手协助。为此，他刊登了招聘广告。不久办公室的电话响了，竟然是先前的密斯先生。他首先为自己以前的失职行为向曼迪诺道歉，并反复强调道歉是“真诚的”“富有温度的”。在电话末尾，表达了对曼迪诺征询职位的强烈“兴趣”和浓厚“信心”。曼迪诺没等他说完就严厉地拒绝了他。

一个人的责任心，往往不是嘴上说出来的，而是体现在具体的工作中。在职场上，选择去哪家公司上班，从事什么职业是由自己决定的，既然做出了决定就要对其负责。我们领着公司的薪水、福利并享受着成就感，就应该做好自己分内的每一项工作任务，哪怕这份工作带给我们很多的辛苦、压力和挑战。这是职场新人对企业最基本的责任。我们要让企业看到，支付的薪水是值得的。让自己的工作创造出来的价值对得起拿到的薪水，这是一个职场新人承担责任的第一步，也是最重要的一步。如果连自己最基本的岗位职责都履行不好，不可能拥有更大的发展空间。这是初入职场，与企业首先要达到的一种默契。

说到底，企业和员工之间的存在的是一种合同关系，是一种契约关系，**企业招聘员工就是委托员工来解决某个固定岗位上存在的问题，上班的本质其实**

就是去解决问题。所以我们更应该抱着一种"受人之托，忠人之事"的信念开展各项工作，对所在的企业负责。

（二）对企业负责

《警世通言》指出：受人之托，忠人之事。就是说受到别人的托付，要使命必达，完成任务诉求的交付。受托方做的"忠人之事"，会积累委托方的尊重和大众的信任。同样，企业不负社会所托，"忠客户之事"，也必然能积累商誉和社会对自己的信心。进一步讲，**责任实际是一个托付链条，客户托付企业，企业托付决策层，决策层托付执行团队，执行团队托付团队个人。**只要各个责任环节贯通，就能"忠客户之事。"

对于我们来说，工作不仅仅是一份谋生的途径，更是企业和领导对我们的一种重托，托付我们处理一个岗位内的问题，承担这个岗位内应该承担的责任，那么我们就应该竭尽全力，做好这个岗位的每一件事情，把其当作信任、当作责任、当作使命。无论有多困难，都要以一种积极的心态，全身心地投入，去想尽办法解决问题，只有这样，才能圆满地完成任务，成就事业，这就是对企业负责。对于一名职业人来说这同样是一种美德、一种信誉、一种担当，也是一种道德规范和行为准则。

1999 年，由于深圳市场很不好，伊利公司的产品在深圳还没等站稳脚跟就失败了。蒙牛公司也准备开拓深圳市场，负责深圳市场的乌日娜对蒙牛集团董事长牛根生说："相信我吧，我一定能干好。"

万事开头难，但乌日娜下定了决心，一定要开发出深圳这个大市场来。乌日娜做了 T 恤衫，大量登载报纸广告，广印宣传单，还穿着蒙古袍进行促销……

当时沃尔玛就只要一件小型包装的牛奶，一件大型包装的牛奶，后来又涨到了三件。当时的条件比较艰苦，没有送货车，乌日娜就坐公交车或者骑自行车送货。

刚开始促销时由于缺乏经验，经常会碰到在住宅小区促销时丢货等问题。到了七、八月份，天气炎热而又多雨，箱底都长了绿毛，损失了一批货。乌日娜在那段时间不禁感到又累又气，身体也出了毛病，她做了直肠息肉的手术，没过多长时间，她又在医院里查出了糖尿病。南方天气较热，雨水也多，在外面跑业务的人常常浸满雨水，人的脚趾总在雨水里泡着就会变形，容易得类风湿。九月份时，她的父亲去世了，而她却被台风堵在了机场……

但是这一连串的苦难并没有将乌日娜打倒，她开始从失败和过去的点点滴滴中总结经验教训。天道酬勤，第一年下来，300 万元的业绩指标最终完成了 600 万元；第二年，指标一下就定了 3600 万元。对于一般人来说，这可是个可怕的天文数字，原来跟着乌日娜的一批销售骨干看到这样的指标，全都被吓走了。

凭着强烈的责任感以及不怕苦不怕累的精神，乌日娜在这一年里再次创造了奇迹，她用自己的业绩证明了 3600 万元也没什么了不起，因为这个神话已经被她变成了现实。乌日娜也凭着自己卓越的表现和出色的业绩，受到了蒙牛集团的重用。而蒙牛集团也正是因为有了众多像乌日娜这样不惜千辛万苦，拼命打造业绩，拥有强烈责任心的员工，才能取得今天这般辉煌的成就。

接受了企业的嘱托，就应当全力以赴。因为这份嘱托不仅仅是一种信任，更是企业对我们的一种希望和期盼，我们怎能不拼尽全力？而拥有这种特质的员工，永远是企业最主要的培养对象。

初入职场，我们最根本的责任是按时按量按质地完成工作和任务，让自己做出来的工作能够对得起得到的薪水。这是我们对企业，对自己的职场角色最基本的责任。但是一个职业人，如果一直安安稳稳地履行着自己的基本责任，只做好自己分内的事情，是远远不够的，他永远在原地踏步。承担好自己的基本责任是企业对我们的最低要求。**如果我们想在职场拥有长期的发展，就需要在履行好基本职责的基础之上，超出别人的期待，多做一点，为团队、为企业创造更多价值，**在未来才能拥有更多的可能性。

（三）对未来负责

有这样的一句话：不是工作需要你，而是你需要工作。这句话折射出来的是职场生命的本质，一个人只要来到世上，就必须付出劳动，创造价值。而一个人工作的目的绝不仅仅是挣取薪水，养活自己和家庭，更重要的是追求一个更美好的明天，追求更好的自己，追求更好的物质生活，追求更高的成就感。所以，现在的工作，现在做的事情是要对未来负责；否则，将来的你也许跟现在一样，也许还不如现在。这就要求在职场时不能仅仅满足于完成岗位职责内的基本工作，承担基本责任，而是要额外承担一些，让自己更快进步，为团队、为企业创造更多价值，让自己、团队和企业的未来更好。

一家企业的总经理给另外一位公司经理发了一封电子邀请函，但是这位总经理一直也没有收到，于是他就问自己的秘书是怎么回事。秘书没去调查原因，只是猜测地说，可能是邮箱满了的原因，删掉几封邮件再等等看。于是，这位经理转过身就去忙其他的事情了。又是一周的时间过去了，经理仍然没有收到企业的邀请函。他又问秘书，秘书的回答竟然还是邮箱满了。公司因此失去了与该企业筹备已久的合作项目。经理一气之下，辞退了秘书。

截然不同的是，另一位秘书却给我们完全相反的启示。她学历不如第一位秘书，原本应聘经理秘书职位，却被录用为文员，负责文件收纳、传真收发之类的工作。对于职务的变更，她没在意，而是对工作投入如火般的热情。久而久之，工作越发娴熟，口碑越来越好，深受同事好评。

一天，经理要求她复印一份合同要急用。她在复印时不经意瞥了文件一眼，觉得有些不对，立刻找经理反映、核对。经理观后，不觉冷汗尽出，原来自己着急赶工，竟然在合同金额后多写了一个零，差点让公司陷入不必要的法律纠纷。由于工作出色，她被晋升为经理秘书。

同样是秘书，前者被辞退，后者被提升，是什么原因？其实就是后者多做了那么一点。前者在自己的领导收不到邮件的情况下，不仅没有寻找问题的根源，更没有寻找解决方案。但是这项工作本该是一位秘书的分内之事，她未能承担起一个秘书应该承担的责任；后者则相反，不管工作是否理想，她都能认真对待，对自己分内的工作是如此，对分外的工作也能注意到细枝末节，为企业挽回了一大笔损失。正是这种责任心，这种对工作负责的态度，才决定了她能站在一定的高度，走上更高的职位。

在日常生活中，我们往往喜欢“物超所值”的东西，例如说，买了一支口红，商家又多送了一些试用装小样；买了一杯珍珠奶茶，商家又多送了一勺珍珠果……在职场也是同样的道理，假设你是一个部门的管理者，让一名员工去扫地，结果他还拖了拖地，倒了倒垃圾，擦了擦桌子，你是不是觉得既省心又欣慰呢？对于企业来说，“物超所值”的员工也更受青睐，他们意味着更多、更大的潜力。同样的 100 分工作，他们往往能做到 120 分，总是能够在原来的基础上超出 1%，甚至 5%、10%。如果一名员工能在现有的岗位上，超出公司与领导的期待，创造出超出薪水的价值，就会获得更多的晋升机会，在所有的竞争者中脱颖而出。

在具体的工作中，想要创造更多的价值，就需要把自己所做的工作精磨细磨，超出别人的期待。例如：设计师设计一幅海报，不仅能做出A方案，还能提供B方案作为备选；销售人员不仅能完成自己的销售额，还能和客户保持良好的关系，建立长久的可持续发展的合作；教员不仅能完成本职授课内容，还能做好学生的心理建设，维护好教学口碑，为公司树立良好的业界形象；领导让做到一，不仅能做到二，甚至还能做到三……只有秉着高度负责的态度，把眼光放得长远，不局限于自己的一亩三分地，超出别人的期待，创造更多的价值，才能在职场崭露头角，赶超他人，脱颖而出！

有一名员工A，进入所在的公司两年多，但都没有得到晋升的机会。反而比A后进公司的同事陆续都得到了晋升，A心里很不是滋味。

一天，A找到了直属领导，说道："H总，我是否有过迟到、早退或乱章违纪的情况？"H总回答："没有啊，你一向很遵守规矩。""那是公司领导觉得我哪里有问题吗？"H总说："当然没有，我们都觉得你是个好员工。""那为什么我没有得到赏识和重用，反而比我资历浅的同事都得到了升职加薪的机会？"

H总听后，沉思片刻，对A说，晋级的事儿稍后谈，先请A帮个忙。原来，公司一家客户准备到公司来考察产品和实际状况，于是H总叫A联系他们，问问啥时候过来。A却说道，这么大个小事儿，您让前台去问都行了。"这真是个非常重要的任务。"H总说道，"你去做就是。"出门前，A心里在想，老让我干这种芝麻小事。

没多久，A返回办公室汇报说，客户可能下周才能来。H总问下周几，A说不知道。H总又问来几人？A也不清楚，心里纳闷，也没让问这个呀？"那他们是坐火车、飞机还是怎么来？""这个您也没让我打听啊！"

H总不再说什么了，他打电话叫B过来。B比A晚到公司近一年，但现在已经是一个部门的负责人了，H总交给他与刚才相同的任务，B的反应是："请您稍等，我去问问就过来。"大概十分钟后，B回来了。"哦，是这样的……"他开始汇报，"他们下周三下午5点乘坐飞机出发，大约晚上8点钟到，他们一行8个人，五男三女，有一个回民，参观队伍由采购招标部Y经理领队，我跟他们说了，我们会安排接机。另外，他们打算考察三天时间，具体行程到了以后双方再协商。为了工作方便，我建议把他们安排在附近的迎宾馆，既方便又有档次和诚意，如果您同意，我马上就提前预订房间。再有，在饮食上，我会跟行政部安排餐饮的同事说清楚，注意忌口，而且下周三对方的城市有不定时的阵雨，我会随时跟他们联系，如果行程有变，我随时向您汇报。"

B出去后，H总拍了拍A的肩膀说："嗯，现在我们来继续谈谈你提的问题。""额，不用了，我已经明白了，谢谢，打搅您了。"

同样的一件事情，A仅仅是完成了该完成的部分，而B不仅考虑到了对方的行程，还考虑到了人员、交通工具、考察行程、饮食、住宿、天气等情况。他比领导期待的多做了30%，是这30%让他的事业与A相比产生了巨大的不同。在接下来的工作中，领导会把接待客户的任务交给他去完成，他自己的工作就又往前发展了一大步。

如果是一名职场新人，他会接触到公司不同部门的同事，促进自己的人际关系；会接触到参加接待的公司领导，让领导看到他的组织能力、沟通能力、协调能力等；还会接触到客户，了解到公司的业务运作、技术知识等，他的职业会因为多做的这么一点往前发展一大步。

所以，故事中的B因为多做，仅仅两年时间就成为了公司的骨干，未来可期。而他这样做，不仅仅是对这项工作本身负责，也是对自己的职业角色负责，还是对所在的企业负责，对领导负责，但是说到底，最终受益最多的那个人是他自己，他获得了巨大的成长和成功。所以，在职场，无论我们是对自己的职业角色负责，还是对企业负责，对未来负责，最终我们都是在为自己负责，我们自己会成为最大的赢家。

（四）对职位、对企业、对未来负责说到底还是对自己负责，自己是最大的受益人

佳士得拍卖公司有一位“最牛门童”吉尔，在他退休之际，佳士得做出了让世人震惊的决定。鉴于吉尔服务公司长达35年之久，见证了公司的成长、客户的变迁、服务的进步，所以吉尔将以公司副总裁的身份和待遇退休。这个消息震惊了全球，甚至还有影视公司以吉尔为原型拍摄了一部电影，把他的真实故事搬上了大荧幕。

故事还要从吉尔最初进入佳士得说起。吉尔最初进佳士得的时候只是一名保安，因为没有什么学历，所以并没有担任很高的职位。因为本人对工作认真负责、一丝不苟，后来从保安做到了库管员。在任职期间，领导对他十分的信任，甚至将艺术品仓库的钥匙交由他保管。对于当时的很多人来讲，吉尔的工作已经很让人羡慕了，只用老老实实地干到退休就不用发愁了。可吉尔另有想法。当看到佳士得招聘门童的广告后，他立即向总裁表示自己对门童职位的强烈意愿。总裁很吃惊：放着好好的库房管理员不当，为什么要当一个只开门关门的门童呢？

在吉尔的一再坚持下，总裁决定让他试一试。因为门童这个工作虽然工作内容只是开门关门，但是对于整个公司来说，门童就是公司的脸面。吉尔

很重视这个工作机会，一心想着怎么样做好，他觉得每一个进入公司的人都是很重要的人，为了让他们感受到宾至如归的尊重感，他找来报纸上所有名人，把他们的照片和名字介绍都剪下来，贴在家中的墙上，每天上班之前、下班以后就认真地复习，晚上回家还让妻子考他，不认识的人就去问同事……这样他每天都能够笑着拉开大门："您好，肯尼迪夫人！""您好，沃霍尔先生，我们一直在等您哦。"吉尔能叫出每一个客人的姓名，甚至可以在客人闲暇时攀谈几句。

不久之后，公司要在伦敦举行一次重大活动，会场中需要找一位认识所有艺术家、重要客人和名人的接待者，而吉尔理所应当地成为了不二人选。去了伦敦，吉尔把公司交代的任务办得滴水不漏，很好地维护了佳士得公司的形象。

就这样，吉尔在佳士得当了35年的门童，日复一日地重复着开门关门的动作，直到退休，也正是因为门童的工作，他获得了巨大的殊荣。

吉尔被称为是史上最传奇的门童，拉了一辈子门，但却获得无数人的尊重。他所获的荣耀来源于他强烈的责任心，所以他才将一个平凡的岗位变成了不平凡的传奇。一个门童的本职工作就是开门关门，试问，只要是一个有手有脚的成年人，谁不会开门关门？但是谁又能做到像吉尔一样呢？

如果这个工作换个人来做，也无非就是每天重复着开门关门的动作，不求有功，但求无过，只要不在开门关门的时候，磕碰到客人，工作其实就已经完成了。但是吉尔为了让客人们感到宾至如归，不辞辛苦、认真地记背各个名人的简介，想方设法地把自己的工作做到最好。他所做的这一切，不仅仅是在履行他作为门童的责任，也不仅仅是在履行企业托付给他的事情，更重要的是为自己的未来创造了更多的可能性，所以机会才会落在他的头上，成就了非凡人生。说到底，他是在为自己负责。

我们手上的每一份工作，都是一次学习成长的机会，因为在执行任务的过程中，我们得到了实践的锻炼、能力的提升与经验的累积。任何一项工作其实都是为自己而做。而公司和员工也并非对立，最终要取得的是一种双赢的局面。我们通过劳动为企业创造了价值，企业获得了发展，物质上我们收获了丰厚的薪水、更好的生活，精神上我们收获了自信，收获了成就感，收获了自身价值的提升。不管从哪方面来看，我们都是在对自己负责，我们自己才是那个最大的受益人。我们通过兢兢业业地工作，为企业殚精竭虑，这带给我们的是更高的职场含金量，是一个更好的自己，更好的未来。而糊弄工作，糊弄企业，糊弄的不仅仅是自己的现在，更糊弄了自己的未来。

杰克是一名建筑工程师，在几十年的职业生涯中，他凭借自己的勤奋和对工作的热忱赢得了公司领导的信任。在退休之际，上级要求他再最后修建一栋别墅。杰克推脱不掉，只能勉强应承下来。可内心早已心猿意马，无心工作。整个修造过程，从建材选择、地基打桩、水电铺设、钢筋扎绑、水泥浇筑到内部装修已全无平日的一丝不苟，只为早点完工，开启清闲的退休生活。

终于，别墅竣工了，总裁在欢送杰克的大会上，走上台去，说道：“杰克先生，您为我们集团服务了二十多年，说实话，集团能有今天，您的功劳很大。所以这栋别墅是集团送给您的退休礼物。”说着，就把钥匙交到杰克手中。话音刚落，会场立刻响起了一阵热烈的掌声，只有杰克一个人呆呆地站在台上，嘴角挂着尴尬和悔恨的微笑。他一生盖了那么多坚固漂亮的豪宅，最后却为自己建了这样一座粗制滥造的房子。

杰克先前能够造出质量上乘的房子，但收官之作怎会有如此令人难解的巨大反差呢？细细想来，不是杰克技能衰退了，也不是杰克头昏眼花了，而是因为杰克丧失了身为建筑师的责任气节。责任好比镜子，我们认真对待工作，工作也热情洋溢地回馈我们。倘若粗制滥造、敷衍塞责，辜负企业，伤害了客户，最终也损害我们自己。所以，职业人就是责任人，要心无旁骛，精心呵护自己所负的职责。对待工作要高标准、严要求，精益求精。

对于企业来说，拥有优秀的，能够做好本职工作，并且能够为企业的发展多付出、多创造价值的员工，企业的发展才能蒸蒸日上，这样的人，是企业员工的最佳人选。有人会笑话那些对企业、对工作尽心尽力、尽职尽责之人，他们从来没有想过，**只有先对自己的企业、团队、客户和工作负责，企业、团队、客户和工作才会加倍地对他们负责。**这是一个相互的关系，所以，想要成为更加优秀的自己，先要承担起对自身角色的责任，承担起对企业的角色。只有能承担起这些责任，我们的未来才会更美好，才能够在更大的舞台上表演。

三 / 责任越大，舞台越大

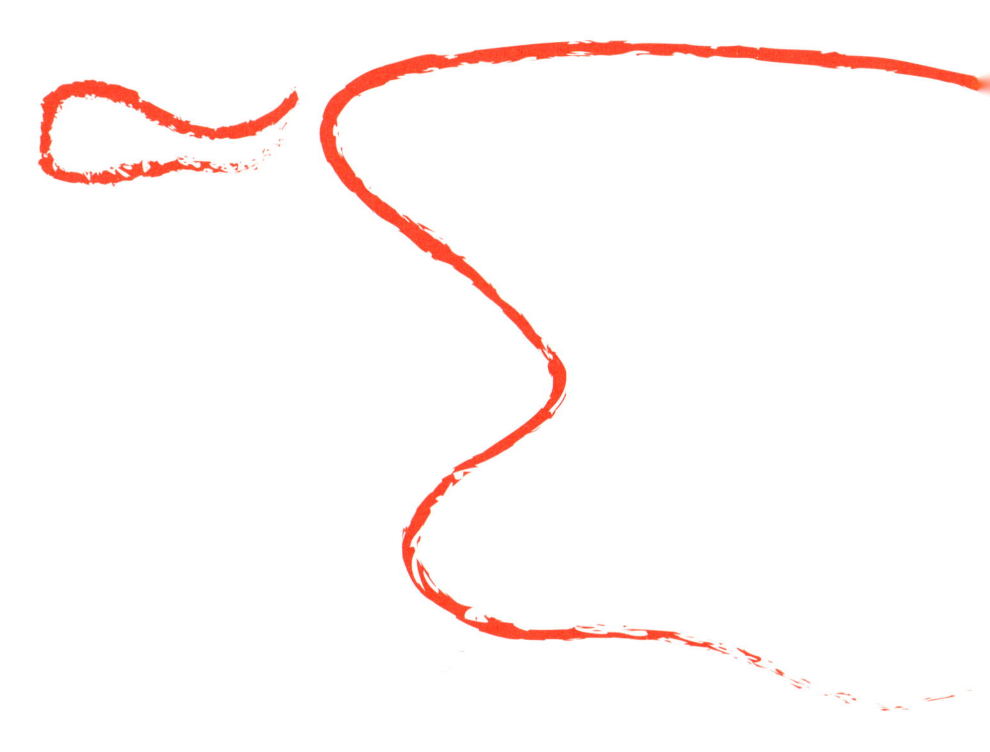

在2016年，在北京街头曾经发生过这么一件事儿，一个顺丰快递小哥在街头倒车时不小心与一位车主发生了剐蹭，这位车主下来二话不说，照着快递小哥的脸连扇了六个耳光，嘴里还不干不净地不停咒骂。可是面对嚣张的车主，这位快递小哥，全程没有还嘴，也没有还手。

这一幕被围观的群众全程拍了下来，放到网上引起了轩然大波，在事后接受采访时，这位快递小哥的一句话，感动了一票网友，他说："我在工作时间，穿着顺丰衣服，代表的是顺丰的形象，如果我跟他对打、对骂，别人不会说我怎么样，只会说，顺丰快递小哥蹭了别人的车，气焰嚣张地与车主互掐。这个时候，受到影响的不是我本人，而是顺丰整个公司的形象。如果现在你让我选择，我依然会像当初一样，这是我的责任，这是我应该做的。"

快递小哥这一句"这是我的责任，是我应该做的"，让很多人感慨不已。是的，身为企业的一员，穿着企业的工装，代表的就不再是自己的形象了，而是企业。无论遇到什么样的情况，首先要想到的都应该是企业的利益，而不是自己。因为我们当时根本不知道这位小哥姓甚名谁，但是却都知道他是顺丰的员工。如果我们看到这位小哥撞了别人，还打骂车主，我们对于顺丰这家企业的好感度一定会下降。这位小哥对外能够时时刻刻以维护企业的形象为己任，是企业之幸事。

那么，他的这份责任心又给他带来了什么呢？在2017年的顺丰上市现场，很多网友都发现了这位快递小哥的身影。是的，没错，他应董事长王卫的邀请，作为嘉宾一起敲响了上市钟。

我们并不能说这位快递小哥的人生从此以后就发生了翻天覆地的变化，从而衣食无忧，事业有成，走向人生巅峰，但是没有责任心的人，永远不知道现在的自己和梦想中的自己差距在哪儿。换句话说，如果我们没有责任意识，未来不可能担当重任。只有那些愿意对工作、对企业负责的人，能够承担自己过失的人才能担当大任，才能在更大、更广阔的平台上发展，获得人生更多的可能性。

世界传媒大亨艾伦·纽哈斯说：“你得分析原因，而且要承担责任。”

他讲了年轻时一个关于责任感的故事。当时，他的好朋友波特准备竞选学生会主席。而彼时艾伦·纽哈斯在学校掌管着唯一的学生媒体校报，他绞尽脑汁想为波特做点什么。于是，他精心挑选了波特和另一位竞争对手的照片，放在同一版面，波特的照片有活力又有亲和力，而另外一位竞争对手的照片则是一脸呆板。并且发表了很多不有利于竞争对手的文章。

后来，在竞选那天他又在墙上偷偷写上许多攻击波特的标语，并诬陷那个竞选成功概率最大的同学。通过这一番操作，好朋友波特终于取得了竞选的胜利。

后来，训导主任找到了艾伦·纽哈斯，对他说了这样一番话：“你掌握了校园里唯一的声音，但是这声音本来是要为所有学生服务的。用手里的权力为自己的朋友服务，是你的失职。”

艾伦·纽哈斯说，直到高中和大学，他都对此深感内疚。他错了，错在不负责任。为此，他领导的销量居美国前列的《今日美国》报从来都不报道未经确认的信息，从不在总统大选中支持任何一位候选人。

责任，不仅仅是我们要做什么，更重要的是还要知道我们不要做什么；不仅仅是我们敢做什么，更重要的是还要知道我们不敢做什么。这样的人，有目标，有使命，有畏惧，有信念，才是担当大任之人。而这也是干好任何事情的重要保证。

所以，进入职场，我们要拥有高度的责任心，因为真正有责任心的人，他会尽心尽力、尽职尽责，即使能力不行，他也会竭尽所能甚至竭尽所不能，把自己的事情做好。真正有责任心的人，不会在困难来临时退缩，不会在失败时怨天尤人，也不会在犯错时寻找借口；真正有责任心的人，热爱自己的工作，无论是自己分内的还是自己分外的事情，从不推诿，从不懈怠；真正有责任心的人，敢于将自己发现的不好的情况直言不讳地说出来。这样的人，企业才会把重要的任务交给他去做，才会给他提供更大的发展空间，才会给他更多的自由，而这样的人，才会有更广阔的空间和舞台发挥自己更大的能量，拥有更加美好的未来和人生。

徐霞客倾尽毕生精力，足迹遍及祖国的山山水水。涉险濒死而不回，衣带渐宽终不悔，春夏秋冬三十余年如一日，笔耕不辍。用一管毫笔蘸着自己满腔热血谱写出明代中国地理恢弘巨著《徐霞客游记》，此文文笔精致、辞达意炼、旁征博引、意广文深，实为中华文库王冠上的一朵明珠。为了这本巨著，徐霞客穷尽一生的时间，穷困潦倒，困难重重，有几次险些丧命，于是有人就问他为何要如此辛苦，人生及时行乐不更好吗？而徐霞客的回答是：因为它就在那里……

是的，对于职场人而言，工作是我们实现职业抱负的阶梯，面对挑战，负起责任的重担，努力前行，我们不应去字典里查责任的意义，而是要用自己的词汇去定义责任！

【本节要义】

在职场，每个人的职位有高低之分，能力有大小之别，但都必须立足本职工作，肩负起应尽的责任。

（1）对所承担的角色负责：不折不扣地完成任务，对得起企业支付的薪水，创造出与所得薪资等值的价值。

（2）对企业负责：竭尽全力，做好这个岗位的每一件事情，想尽办法解决问题，直到圆满完成工作任务。

（3）对未来负责：把自己所做的工作精磨细磨，超出别人的期待，多做一点，实现脱颖而出。

【思考题】

1. 职业人为什么要有责任心?

2. 责任心表现在哪些方面?

3. 诚信为什么是职业人的生命?

关于做事，中国古代军事家管仲认为真抓实干是做成一件事情的关键所在，自古以来，伟大的事业，都是始于梦想，成于实干。

稻盛和夫先生是一位实干家，他关注当下，踏实地做好每一天的工作。他用坚定的心态指导着自己的前进方向，他用不停的工作来提升心智，不断地激励自己，提升自己对工作、对未来、对成功的认知，心态改变行为，行为改变命运，良好的心态使他忽略掉工作的辛苦，无视工作的寂寞，工作成了他最大的乐趣。他对工作的态度，真正做到了干一行爱一行。看不清未来时，沉下心来做好眼下的工作，这就是未来的开始。

京瓷的成功，是稻盛和夫经营心法的大成，他把自己对待工作的态度和心法分解融合到了企业的管理制度之中，不断创新，使全公司的员工都能团结一心为企业谋发展，真正做到了以厂为家、爱厂如家的境地。他改变的不单是自己对工作、对企业的心态，也改变了全体员工的工作态度。全员全身心地投入工作，使京瓷公司在日本经济波动中屹立不倒，基业长青，这就是稻盛和夫成功的基石，他不为名，也不为利，只是一心为工作，他的工作热情和专注感染并影响了身边的人，无论是员工还是客户都相信他、支持他，工作中没有他解决不了的问题。于是就有了后来第二电信公司的成功，更有了他力挽日本航空使之免于倾倒的辉煌壮举。

在稻盛和夫的世界里，工作没有难题，没有不可能，没有做不好，完不成是自己努力的还不够，是思维还没有找到突破口，只要精神专注于一件事上，总能找到成功的方向。为研究问题他可以进入白热空间，为解决问题他可以升级思维；他用坚定的心，指挥着自己的行为，眼中只有问题，没有困难，在这样的精神状态下，他遇到的苦恼、孤寂等这些负面情绪都会转化成他前进的行动力。对于他来说，生活中的一切都是修行的一部分，成功是修行，失败更是修行。他敢想，更敢干，靠着持续行动的毅力，能日进一寸地向成功迈进。所以他可以在成功的路上一直走下去，这就是稻盛和夫先生一直能成功的方法。

稻盛和夫，23 岁进入即将破产的松风工业，主导研发的新产品使松风工业起死回生；27 岁服务于京瓷公司，并将其经营成日本第一家世界 500 强公司；51 岁时，通过盛和塾向企业家义务传授经营哲学；52 岁时他指导第二电信公司，使它逐步成为日本第二家世界500强公司；82岁接手濒临倒闭的日本航空，他孤身进驻日航，仅用了一年时间，就扭亏为盈，并且其利润超过史上的最高纪录。这就是他一生所取得的耀眼成就，说他是“经营之圣”实属实至名归，他是真正的实干家。

努力工作，把自己的业务做好是每个人成功的诀窍。实干本身就是一种最保险的智慧。最终，我们会发现，可以依靠的就是我们的业务、事业、工作。所以，全身心地投入工作，踏踏实实，积极主动地做好工作是一个职场人走向成功的根本路径，即大道至简，实干为要。

有句话说得很好:“以大多数人的努力程度之低，根本轮不到拼天赋。”未来的事业，不是空想出来的，而是一步步努力出来的，是踏踏实实干出来的，初入职场，我们尚未成长为企业的中流砥柱，这个时候，我们执行好自己的每一项工作，这是立住脚跟，升职加薪的根本所在。

一 / 执行工作要有超强的行动力

初入职场的新人，往往会在执行方面犯这样一个错误，那就是过度关注创意，而忽略了执行。在互联网时代，**最有价值的永远不是一个想法有多么的新颖和出色，而是能否付诸行动把它变成现实。**一部讲述 Facebook 传奇创业史的电影《社交网络》把这一点体现得淋漓尽致，同时也展示出了一个血淋淋的事实：快速发展的时代和社会，只有那些快速行动，并把想法变现的人才能够胜出。

在电影中，当扎克伯格被女友抛下后，他当晚就做出了辣妹照片的对比评分应用，取名为 FaceMash。有意思的是，当时还有另一对姓 Winklevoss 的兄弟也有着同样的想法。

但可惜的是当他们还在训练划艇时，扎克伯格的 Facebook 已经上线了。

当 Winklevoss 兄弟给扎克伯格发出律师函，等待他回应的时候，扎克伯格宣布 Facebook 进入耶鲁大学、哥伦比亚大学和斯坦福大学。

当 Winklevoss 兄弟不停地向外界告状哭诉时，扎克伯格的 Facebook 已经拥有了近 7.5 万注册用户，涵盖了 29 所大学。

当 Winklevoss 兄弟还在英国参加亨利皇家赛艇会比赛时，扎克伯格的 Facebook 已经在剑桥大学、牛津大学和伦敦商学院里引起了极大的轰动。

当 Winklevoss 兄弟在纽约的投行实习期望为自己镀金时，Facebook 注册用户已达 30 万人，遍布欧美的 160 余所学校，并且把公司总部建立在硅谷。

Winklevoss 兄弟输了，他们输的不是创意，也不是想法，有可能他们的创意比扎克伯格还要棒，但他们输在了行动力上。所以那个改变世界的人是扎克伯格。这听起来确实很残酷，但是日新月异的时代，决定人生死的就是行动力，快的那个功成名就，慢的那个只能甘拜下风。

所以当你以为自己想到了一个绝佳的创意点时，你所不知道的是，这个世界上至少有 10000 个人同时想到了这个创意，关键就在于谁能让它成为现实。

在这 10000 个人中，一半的人觉得没空，不如等有时间再说吧，或者等资金和方案到位，把最坏的打算做好之后再开始。

剩下 5000 人决定立即动手试一下，迈出了第一步。其中 3000 人试一下之后，觉得没激情，给别人看笑话了。或者试一下之后，成果不明显，撂在一旁了。或者是需要解决的困难太多了，太麻烦了，于是放弃了。

于是只剩下 2000 人决定在成果不是很明显的情况下，修改不同的方案，抓紧时间继续研究拼搏下去。

其中 1000 个人又尝试了几个方案，可是结果还是老样子，最后决定放弃；剩下 1000 人决定咬牙继续更换方案，总结方法，继续尝试。

1000 人中的 200 个人，做出了产品原型，并开始通过各行各业去宣传推广；其中大部分人，虽然得到了少量用户，但最后因为方式方法不对，没有资金支持，便没有毅力坚持下去。

最后只剩下 10 个人，通过团队的努力和社会的支持终于让之前引以为傲的想法得以实现，让多年来付出的汗水没有白费，从而成就了自己，改变了一个行业。这就是行动的力量，很多人就是因为跑赢了时间，所在才站在了常人难以企及的高度。没有谁做一件事情是一帆风顺的，在追求目标和梦想的道路上，一定会遭遇各种困难和挑战，只有那些积极思考并认真行动的人，才会成为生活和职场的强者。

美国苹果公司的创始人乔布斯就是一个把“行动高于一切”作为奋斗基准的人。乔布斯认为：只要一切思想付诸行动，就是一个人走向成功的最大动力，也是让人继续走下去的唯一理由。

乔布斯的第一次行动，源自他20岁时创立苹果电脑公司。他拼命工作，让苹果电脑在10年内从一间车库里的小工厂，扩展成一家员工超过4000人、市价20亿美元的公司。没有人要他冒险去创立苹果电脑，但他做到了。

但是在乔布斯30岁时，由于与董事会意见不合，被迫离开了他一手创立的公司。在工作上暂时遭遇困境之后，乔布斯经历了一段短暂的人生低谷期。但是经过一番思考之后，乔布斯没有选择再消沉下去，他决定在自己感兴趣的领域里，东山再起，并且他很快再次把自己的想法付诸了行动，他要从头再来。

在接下来的五年里，乔布斯接连开创了NeXT公司、Pixar公司。并将Pixar打造成了最成功的动画制作公司。最后，乔布斯又回到了苹果，开发出了音乐产业的革命性产品iPod，以及后来的iPhone手机。乔布斯在困难面前不低头，而是立即采取行动，这种积极的态度和做法奠定了他事业上成功的基础。

拥有成功特质的人，**往往就是那种只要想法成熟了就会马上投身行动，争取时间，积极付诸行动，并孜孜不倦地朝着心中的目标摸索、前进的人。**所以，无论面对什么样的困难，立即行动是战胜困难的第一步，想要成功就要在最短的时间里采取迅速的行动。因为有行动就有成功的机会，坐着只是空想，永远不会成功。

作为一个刚刚走进职场的新人，我们不免对未来有着无数美好的憧憬和各种各样的想法，希望通过一些新创意、新思路做出成绩，但是这一切如果没有迅速的行动力，就只能是想法而已。同样地，面对角色转变上的困难和挑战，我们更不能怨天尤人，而是要转变思路，立刻投身行动，让自己更快地成长起来。

初入职场，我们的角色是一个执行者，而执行好任何一项工作的前提就是高效的行动力。执行工作如果没有行动力，执行的过程会变得紧张局促，会让我们丧失战斗的热情，更不会产生良好的结果，久而久之，工作激情下降，眼看别人平地而起，自己却只能懊悔。

执行好自己的本职工作是进入职场最重要的紧急事件，企业在最初可能并不清楚员工身上的优势和特长，但通过几项工作，就可以判断出他是否是个可用之人。而执行工作中最重要的一点就是能够立刻进入工作状态。当领导把一项工作安排给他，他能够立刻投身行动，而不是磨磨蹭蹭非要拖到下班前才开始做，也不是做出来一个方案之后，下一步的推广行动全部搁置，导致方案成为一纸空文，更不是事事都由旁人推动着前进。这样的工作是毫无效率可言的，没有效率，就没有结果；没有结果，就没有成绩；没有成绩，就不会成功。最终就只能徘徊在职场的最底层，眼看着机会一次次地与自己失之交臂。

所以，对于世界上的任何事情来说，“立即去做”，就是一个良好的开端。**在工作中，我们不要等到万事俱备再去采取行动，而应该在行动中不断去完善，去试错，去发现问题、解决问题。**

在网络上很多人喜欢和别人讲道理，但很多道理本身没有什么价值，这些价值都是那些成功者赋予的，于是很多人都把这些道理当作鸡汤处理，听完哈哈一笑，左耳进右耳出，而成功者的厉害之处就在于，别人眼中的鸡汤在他眼中就是励志，他能用行动力把道理实践，变成实在的行动，动起来了，就大有收获，离成功就近了一步；没动起来的，就不可能成功。高效的行动力是我们实现自我人生价值最好的手段。

但是，行动力并不等同于执行力，快速的行动也并不一定会让执行产生完美的结果，因为我们还要脚踏实地地进入工作状态。

（一）调整自己进入最佳工作状态，埋头做事

许多年以前，在台北一条长巷里，有两个相连的大院子，住着许多普通人家。

不久之后，一户姓熊的人家搬了过来。这家人有一个儿子，这孩子闷头闷脑，从来不和其他孩子一起玩耍。因此大院里的人都认为他将来肯定没什么大出息。果不其然，这孩子连中学都没能考上，只进入了夜校学习。并且在夜校期间，他把大量的时间都花在了埋头写武侠小说上。虽然他遭到了父母以及身边人的不理解，但他并没有在意这些，而是淡然处之，全身心地投入到武侠小说的创作当中。

许多年以后，院里的孩子们过着庸庸碌碌的生活，而熊家的孩子却一鸣惊人，他创作出来了一系列风靡一时的武侠小说，成为了新派武侠小说的泰斗和宗师。他的笔名叫古龙。

唯有埋头，才能出头。只有沉下心来，不让自己被外界扰乱了心智，专心致志地做一件事情才能有所成就。收获是自己一点一点耕耘出来的，不要幻想一步登天。但许多人却忽略了这个道理。所以，最终在职业上一事无成。

初入职场的应届毕业生，大都会感到焦虑，总是急于向父母、朋友、领导和同事证明自己，有时候未免用力过猛，结果往往落得个小事不想做，大事做不好的结局，给人以不够踏实之感；还有些人进入职场，发现职场跟自己原来所想象的并非完全一致，刚做了一点小事就认为应该得到高额的回报，如果回报低于预期，就会通过不停地跳槽证明自己。所以近几年我们经常会看到“应届毕业生跳槽率很高”这样的新闻。这两种人往往看起来聪明异常，也往往有着鸿鹄之志，但是却往往难有大的成就，到头却作乌鸦声。因为他们总是会受到外界影响，不能踏踏实实地沉下心来把自己的事情做好。自己岗位职责之内

的事情都做不好，绝非企业的重点培养对象。

所以，当我们真正进入职场，急需调整好自己的状态，心无旁骛，沉下心来专注到工作之中，不要被其他无关的事情打扰，开始埋头做事才是第一要务。做事情要下慢工夫，世上没有一步登天的好事，要想知道一个人能否成事，全看他做事时能否沉下心、埋头干。

某著名化妆品公司的总经理曾经说过，公司里最让他关心的事就是能否招聘到可靠的工作人员，因为每次招聘在经过严格的考试后，难得有一两位候选人是合格的。

这家公司考试的方法很特殊，其目的在于测试应试者是不是一个能够脚踏实地、耐心做事、不折不挠的人。当对应试者进行面试时，就用种种消极的话语来测试应试者，告诉他们化妆品在市场上存在的竞争与实际工作的巨大压力，来试探他们。

很多应聘者在听了这些情况之后，觉得前途一片暗淡，因而打消了要进入公司的念头，面试未结束就中途离开。只有极少数人仍然不为公司前景的种种困境所动，意志坚决，而且言谈举止中能够渗透出踏实可靠之感，这样的人才才是公司所需要的。

这位总经理说道："我们的员工大都很有成就，他们如今的能力也在一般人之上。我发现，其中成就最大的人一般都是那些脚踏实地、能够沉下心来做事情的人，因为他们拥有'全力以赴的做事态度和永远进取的工作精神'"。

踏实、勤奋、富有忍耐力、有进取精神，这是公司对所有员工的要求，如果不具备这些条件，无论他知识如何渊博，也无法得到公司的认同。

初入职场，即使我们在学校的成绩很优异，能力很强，进入企业也不可能立刻就被委以重任，都要从一些日常小事做起。有些人会觉得这些小事以自己的资质和能力而言太过简单，所以一心想做大事、要事，耐不住寂寞；而有些人却能够沉下心来，在小事中不断磨砺自己的毅力、能力、经验和信心，埋头于自己的工作，踏踏实实地做好自己分内的每一项工作任务。所以，我们不难发现，有些上学时的“优等生”在职场打拼几年之后，反而不如那些比较普通的学生，原因就是如此。

在职场，能否沉下心来做一些事情，能否耐得住寂寞，能否把全部身心投入工作，是职场成功的关键。**企业内所有人都是从最基层做起，平凡的是工作岗位，不平凡的是工作态度。**所以，在职场，要耐得住寂寞，如果能踏踏实实地做好自己的每一项工作，那么我们一定会实现自己的职业梦想。

有一位职业经理人曾经带过一个下属。这位下属毕业于一所重点名校，为人非常聪明机智，也非常好学。但是他在毕业一年内，就有过两次跳槽的经历。对于这一点，这位职业经理人虽然有所犹豫，但还是坚持把他留了下来。

然而，结果却并不如人所愿。这位下属在六个月后就提出了辞职。理由是他发现在这个公司升任主管的机会微乎其微，公司给他的职位完全配不上个人的素质和能力，看不到发展的前景。所以他选择再次跳槽，另觅出路。

职业经理人说：“这几个月你表现很优秀，成长也非常快。但是在专业技能上还存在着一定的差距，现在让你做主管，还尚早，还需要在工作中慢慢积累沉淀。”但他实在等不了了，他感谢职业经理人的信任，但他还是想寻找更好的平台。于是，他毅然决然离去。职业经理人选择尊重下属的选择，并为他祝福。

之后，这位下属依然和职业经理人保持着联系。他依然在不停地离职跳槽。经常会听到他说同事水平太次、领导能力不行这样的话。每次与这位下属交谈后，职业经理人都无不感慨道：他相比他人跑得更快，然而如今他却远远落后于人。

因为这位下属看不到的是，曾经那些条件比他差好多的同龄人，早已在这个行业脱颖而出，或是走上了管理层，或是成为了技术专家，而他却还在为十年前的目标努力。耐不住寂寞，不肯沉下心来做自己事情的职业人永远无法在职场闪耀。

作为职场新人，我们本该在奋斗的年纪，不断地去经历，去试错，这无可厚非。但是，我们也得明白，**想要在一个专业领域有所造诣，少不了一样东西：投入度。**一件事情，只有心无旁骛、全身心投入去做了，才能取得他人无法取得的成就。所谓台上十分钟，台下十年功；别只看到别人抛头露面的风光。在台下，另有他人不曾看见过的十年孤寂、隐忍、修炼、磨炼以及坚持。

所以，我们一定要沉下心，埋头去做事，千万不要贪多求快，被外界所干扰，做出揠苗助长、杀鸡取卵的蠢事。当我们能够跑赢时间，能够耐得住寂寞，全身心地投入工作，那么就已经成功超越了那些没有这样做的人，成功的路上就领先了他们一步。但是，对于好的执行力而言，这些都是基础，对初入职场的人来说，好的执行力仅仅拥有这些，还远远不够，想要脱颖而出，就不能满足于自己岗位职责之内的事情，**而是要在完成工作的基础之上，督促自己进步，督促自己成长，以一种向上的、不断进取的心态步入自己的职业之路，能够自主自发地、积极主动地去工作。**

（二）做工作自主自发，积极主动

有研究表明，一个人职业生涯成败的60%决定于其职业态度。在职场，积极主动，自主自发，是一个职业人最应该具备的职业态度，亦是企业对员工的终极期盼。因为积极主动的人和消极被动的人之间区别不仅仅体现在工作结果上，更重要的是一种精神，一种积极进取的态度。两者之间有着天壤之别。

消极被动的人总是等待他人的安排，他们从来不会主动去做事，认为自己无法主导或推动事情的进展。遇到困难的时候，总是把希望寄托在他人身上，失败时总是怨天尤人……这样的人在职场中，进步缓慢，很难有所成就。而积极主动的人，则认为自己可以主导事情的发生和发展，未来的职业发展掌握在自己的手中，遇到困难时，他们独立思考，积极寻求解决问题的方式方法，失败时，他们屡败屡战……这样的人在职场进步迅速，在职业道路上始终保持一种向上的力量。

一名大学生毕业后来到一家公司担任文员一职，主要负责文案撰写以及文字材料整理的工作，平时工作节奏较慢。所以，在办公室久了，他也开始感到厌倦，想尝试做一些更具有挑战性的工作，但向领导们要求了几次岗位调动也未能如愿。后来，他终于等到了机会。公司一位市场代表生病住院，请了一个月假。公司业务部门的一部分工作暂时出现了缺漏，由于业务部门的工作耽误不得，公司上上下下很是着急，面对这样的情况，他主动要求自己去当“替补”。

为了抓住这次“转型”的机会，他可谓是煞费苦心，整日起早贪黑，不论是跑客户还是组织活动，都积极主动地去完成。

有一次领导安排他给客户做一个预算方案，时间只有两天。这是一件原本难以完成的事情，时间紧任务急，而且又不是自己分内的事情，更何况，自己手头还有一堆的事情要处理。他是怎么做的呢？他首先安排好自己手头的事情，便立即投身到了这项工作当中。两天时间内，他跑遍市场，调查各种原材料价格，又搜集整理了相关资料，并虚心向前辈或同事请教。两天后，他把一份完美的预算方案交给了老板，受到了老板和客户的称赞。

为了让自己的业务水平在有限的时间内快速进步，他抓紧一切时间，遇到不懂的问题就向身边资深的前辈请教问询，并研读专业书籍恶补专业知识，学习公司的产品情况，分析客户需求。

凭借着自己的努力以及开朗大方的性格，一个多月以来，他顺利地完成了业务推广、活动策划以及广告宣传的任务，甚至在此基础之上，多做了很多领导和前辈并未安排的任务以及本不属于自己分内的工作。

通过这次“替补”，他的交际能力、组织能力、策划能力得到了领导和同事们的认可和赞赏。虽然原来的业务人员已经返回工作岗位，但公司没有让他继续以前的文字工作，而是让他如愿以偿地成为了一个业务代表，在通往自己梦想的大路上尽情地去发挥自己，提升自己。

所谓积极主动，一是主动负责，不用别人叮嘱也能很好地履行职责，完成工作。不论领导是否安排工作，也总能自己主动找些事情做，主动请缨，排除万难，为公司创造价值。不用领导催促，也能够尽快将自己的事情做好。

二是主动服从，做工作没有任何借口，不拖延，快速行动。

三是主动付出，不仅能做好自己的本职工作，还善于查缺补漏，做任何需要做的事情。

四是主动竞争，意味着在遇到困难和问题的时候，不是怨天尤人，而是能够采取有效的手段及时处理工作中出现的各种问题。

五是主动合作，和团队一起发展。

六是主动进步，在工作之外，能够不断地提升自己的业务能力，学习相关的专业知识，让自己变得更好。

七是主动思考，无论发生什么事情，依然保持理性，不受环境影响，不断改过，不断创新。

职场上，一个真正的好员工，是那种在工作中主动做事，并且会不断提升专业技能的人。这样的员工是让企业最放心的员工，因为不仅仅省去了大量的管理成本，还节约了大量的沟通成本和培养成本。

成功的机会往往隐藏在我们所主动执行的每一项工作中，只有那些主动做事、主动工作、主动提升的人才会获得更多的机会。积极主动地工作，是所有卓越员工的成功秘诀。所以，在职场，我们要积极尝试更多的可能性，为自己创造更多的机遇。

1990 年，李开复加入苹果公司，担任技术工程师一职。那时候，苹果产品的销售遇到了一些问题，内部也出现了低落的情绪，如果不立刻找到突破口，问题会越来越严重。

这些问题本该由市场部负责，并不在李开复的工作范围之内。但是李开复却认为作为苹果公司的一员，就应该主动帮助公司去解决问题，应该把公司的事当成自己的事。

他时刻琢磨这件事情，积极地为公司出谋划策。一天，他发现苹果公司由于缺少用户界面设计专家的介入，导致公司内很多多媒体技术无法形成便捷、易用的软件产品。想到这里，他非常兴奋，立即写了“如何通过互动式多媒体再现苹果昔日辉煌”的方案。公司一致决定采纳他的意见，并且对李开复这种积极主动做事的工作态度给予了赞赏。不久之后他被提升为媒体部门的总监，很快在苹果公司崭露头角。

在职场上，积极主动往往意味着更高的成就。因为积极主动意味着更高的工作能力，更丰富的工作经验和阅历，以及更好的创新能力，更优秀的解决问题的能力……这些会让我们更强大，而强者愈强的效应会让我们在职场获得更大的进步和更快的成功。当一个职场新人能够尽快投身自己的工作，积极主动，埋头苦干，那么，他就拥有了较强的执行力。但距离卓越的执行力还差最后一步，即做工作要善始善终。

（三）做工作善始善终

善始善终，是指在工作中既要开好头，也要有好的结果。这意味着无论发生什么情况，都要保持开始时谨慎、认真的状态，这样下去就没有做不成的事。同时也意味着，任何一项工作都要做完整，不能半途而废或者是虎头蛇尾；意味着哪怕是明天就要离开现在的工作岗位，也要站好最后一班岗，把手头的工作处理好；也意味着在工作伊始，要拥有结果思维，想清楚企业领导的诉求，具体要达到一个怎样的结果，再进入执行状态。

在职场，无论遇到什么样的挫折、挑战和困难，**能够善始善终地完成工作不仅仅是我们对待工作的态度，更重要的是这是我们对待工作、对待企业的责任。**但有些人在职场，对于交代给自己的工作拖拖拉拉，有始无终，经常是工作做不完整，或者是执行一项方案，没几天就不了了之；抑或因为某些原因要离职，没有善始善终。这样的工作心态是完全错误的，因为公司并不会因为我们即将离职而克扣工资，换句话说，公司支付的是我们正常状态下应得的报酬，如果我们不认真对待，这对公司是不公平的，这是违背职业道德的。所以，无论发生什么样的情况，我们都要为自己手头的工作交上一份让人满意的结果。

三位大学应届毕业生同时被一家世界500强企业聘用。在一个月的试用期中，他们都很努力。但在试用期结束时，公司宣布将淘汰一人，留用两人。其中一名女孩S，虽然也优秀，但是她在综合评比中略逊于其他两人，所以，她接到了人力资源部的通知：明天是最后一天班。下班后到财务拿到当月的工资即可离开。

到了离开的那一天，公司的同事劝S说："今天不管干不干活都得离开，而且公司也会全额发放这个月的工资，不如歇歇，混过这一天算了。"她摇摇头说道："市场部昨天交给我的资料还没整理完，我得把它做完。"

离下班还有两个小时，S做完了所有的工作。有人劝她不如提早下班，没人会怪她。但是S依然是笑笑。开始整理自己的办公桌，并且把自己的资料分门别类规整好，并贴上标签。当她把所有该做的都做完之后，已经临近下班。

于是，她前往财务部结账。结完账，在她离开时，市场部总监告诉她："不用走了。明天去市场部报道。"S简直不敢相信。总监告诉她："今天你整理的市场部资料非常细致、严谨，超乎我的想象。在离职之际，你竟然能做到站好最后的一班岗，善始善终地做工作。公司不能错失你这样认真负责、坚持原则的优秀员工。我相信，你留下来一定会做得非常好。"

对一名积极进取的员工来说，有始无终的工作恶习最具破坏性，也最具危险性。因为它造成的损失不仅仅在于工作结果上，更在于它给人带来心理上的挫败感，从而吞噬进取之心，让我们养成虎头蛇尾的工作习惯，永远不可能出色地完成任何任务。所以，无论身在哪个岗位，都应该以一种善始善终的态度执行我们的工作。在要求自己有个良好的开头时，也要更多地关注结果。用结果来优化过程，同时注意以过程来保障结果。

对于职场人来说，这种思维方式至关重要，它不仅可以提升工作效率，更重要的是可以锻炼我们看待问题的思维方式，让自己更快地进步。因为对于企业来说，没有结果、没有价值的工作再辛苦，也不能成为一个员工升职加薪的原因。**对于一个职场人来讲，工作看的是结果，而不是过程。没有业绩，能力再强，也无济于事。**工作产生不了结果，创造不了价值，都等于零。有结果、出成绩的员工才会得到众人的肯定。商业企业以结果为导向，只要功劳，不要苦劳。

20世纪70年代中期，日本索尼彩电在美国的销售非常差劲，索尼曾派出数位负责人前往解决这一问题。但一个个皆无功而返。后来，卯木肇被任命为索尼国外部部长。当他来到芝加哥市场时，他发现原本在日本畅销的优质彩电，在美国却无人问津。

经过一番调查，卯木肇知道了其中的原因。原来，前任负责人为了提高销量，不断地进行降价。商场里不断播放的是索尼降价的广告，使得当地的消费者认为索尼彩电并不是什么高端、优质的产品。

为了扭转索尼彩电的劣质印象，提高销量，卯木肇计划找到马歇尔公司，这一芝加哥实力最为雄厚的家电零售商，准备通过它，寻找到突破口。

之后，卯木肇两次登门求见该公司的总经理，但被对方以各种理由拒绝。终于，在第三次求见时，对方被他的诚心所打动，接见了他。但对方仍然拒绝售卖索尼的产品，因为他认为索尼的产品不仅形象太差，而且售后服务也非常糟糕。于是，卯木肇开始重塑索尼糟糕的品牌印象，撤销降价广告，在当地的主流媒体上发布新的品牌广告，宣传索尼彩电高品质的卖点。同时，成立了索尼特约维修部。全面负责产品的售后服务工作，并严格执行24小时随叫随到的服务政策。

终于，马歇尔公司的总经理同意试销两台。于是，卯木肇安排两名索尼的销售精英在马歇尔售卖索尼彩电。结果向卯木肇预想的方向发展，两台彩电不仅成功售出，并且又追加了两台。至此之后，索尼彩电终于打开了销售局面。短短的 3 年时间，索尼彩电在芝加哥的市场占有率达到了 30%。

我们经常听到“没有功劳也有苦劳”“他是我们单位里的一头老黄牛，尽管业绩不突出，但一直勤勤恳恳”之类的话。苦劳很容易让我们感动，勤奋努力是我们要倡导的。然而，再辛苦的工作没有结果也只是白辛苦。如果我们得不到好结果，再好的过程又有什么用呢？就像卯木肇，索尼公司把他派到芝加哥，想要的就是一个结果，是在美国为索尼电视打开销路的结果。如果做不到，两手空空地回到日本说自己很辛苦，有用吗？没有结果，过程再艰辛都没用。所以做每件事情，都应该抱着“做就做好，要么不做的心态”。**一旦开始了，不管遇到什么困难，都应该坚持下来，坚决完成任务，不但要努力做事，更要把事情做成！**

拥有快速的行动力—能够全身心地投入工作—能够不用别人催促也可以积极主动地投入工作—可以善始善终地完成工作，这就是初入职场执行工作的一个闭环。对于职场新人来说，我们进入企业，进入的是职场的执行层，角色为一个执行者，按质、按时、按量地执行好被指定的每一项工作任务就是我们的工作重心，执行好工作任务就是我们的工作目的，我们需要通过执行工作提升自己的能力，累积自己的经验，学习更多的专业知识，拥有更多的成就感，这是升职加薪的基础，也是职业生涯的第一步和最重要的一步。

二 / 初入职场，执行工作是本分，执行好工作是升职加薪的根本

无论付出多少心血去学习提升自我，去创新迭代，去吃苦耐劳，抑或花费很多时间反思自己的职业行为和思维，还是去承担各种各样的责任，其目的只有一个，就是为了把工作执行到位，把工作做好，让自己在职场不断升职，不断成长，实现梦想。无论身处职场的哪一个层级，都是为了更好地执行好工作，创造价值。**所以，职场人的本质就是执行工作。而对于初入职场身处执行层的新人来说，执行工作就是本分，把安排的工作执行好是现阶段的职责所在，而这恰恰也是升职加薪的根本所在。**

在南太平洋新不列颠岛上，有一个村庄。村庄里的人们保持着原始的耕作习惯，主要耕作的农作物是甘薯。在长期耕作的过程中，他们形成了一种纯朴的价值观：“劳动能塑造美好的心灵”。

每到耕作的时节，村民们会通过田地的整修、番薯的长势，感受每块田地里泥土的气息。根据气息，预测这块田地的丰收情况，气味好闻的被夸为“丰登”，气味难闻的则被贬为“不毛”。

同时，气息也象征着田地主人的品德和心灵。田地耕作得精细的人就会被称为“人格高尚的人”。也就是说，这个村子里的村民是通过劳动的成果——田地是否整齐，作物是否丰收，泥土是否清新来判断一个人的人格的。田头工作出色、工作成果显著的人，就被认为是优秀的人。

对于新不列颠岛的村民来说，劳作不仅可以收获粮食，并且能修炼心灵。所以他们认真对待劳动，期待种出美好的果实。这样简朴却中肯的价值观放到如今的职场又何尝不是如此？虽然我们彼此的工作内容不同，但本质却是一样的。我们的职责是执行工作，认真执行工作不仅会给我们带来更好的生活、更多的自信、更大的成就感，更重要的是，它可以磨砺人格，提升心志，让我们成为更加优秀的人。

所以，工作是人生最有价值的行为。各个领域的杰出人士无一不是埋头于自己的工作，全身心地投入，历尽艰辛，所以，他们不仅仅在事业上取得了非凡的成就，更重要的是，他们也塑造了自己完美的人格，这一切都是工作带来的。努力工作的彼岸就是美好的人生。

幸福的人生是与尽职的工作相辅相成，相得益彰的。一步一步扎实地工作，取得的是一段一段扎实的业绩，累积的是三年、五年乃至十年的厚重收获，拥有的是成功的职业之路和更璀璨的职场成就！

【本节要义】

1. 真抓实干是我们实现职业目标的关键所在。

2. 在工作中，我们应转变思路，立刻投身行动，在行动中去发现问题，解决问题。

3. 职场上，高效的执行力表现在以下几方面。

（1）埋头做事：沉下心来专注工作，不被外界的人和事打扰。

（2）自主自发，积极主动：主动服从、主动付出、主动竞争、主动合作、主动进步、主动思考。

（3）做工作善始善终：以始为终、不半途而废、拥有结果思维。

【思考题】

1. 如何理解任正非说“高层要砍掉手脚，中层要砍掉屁股，基层要砍掉脑袋”？

2. 埋头把木炭洗白是否是执行的要义？为什么？

3. 良好执行的原则是什么？

第三节 专一

没有苦心孤诣、独守青灯的恒毅之心，专业的精进鲜能企及。

分析市场状况，正确作出市场销售预测报批
拟订(年、季、月)度销售计划，分解目标，报批并督导实施

水滴石穿、绳锯木断这两则成语揭示了职场新人攻坚克难，终将在职场脱颖而出的制胜秘籍。**在职场只要把心集中在一个地方，心性专一，志向坚定，凡事都能有所成；**相反，心猿意马，不能专一，就很难成事。纵观世间事有所成之人，都是由于其对所从事领域专注于心，穷根究底，才终于“守得云开见月明”。

NBA是世界篮球队的圣殿，群星璀璨，但真正能够影响一个时代的球星仍是不多。因为这样的人不仅要个人天赋和能力格外出众，而且要成为一个时代的象征，成为某种精神的代名词。“篮球之神”迈克尔·乔丹征服了20世纪六七十年代的人们，而“天选之子”科比·布莱恩特俘获了20世纪八九十年代的年轻人。

科比在20年的篮球生涯中，取得了辉煌的战绩，但对于科比而言，真正让人钦佩的并不是那些成绩和荣誉，而是他身上展现出来的永不言弃、勇于拼搏的黑曼巴精神。

“你见过洛杉矶凌晨4点的样子吗？”这句话是对科比精神的最佳诠释。因为很多年，科比都是早上四点起床开始训练。那些早起的时光，那些全身心投入训练的时光，虽然让人感到疲惫，但是科比觉得无比值得。而科比的24号球衣，诠释着他要把一天的24小时和所有的精力都投入到篮球当中。

他常说：“你不可能变得比我更好，因为在打篮球上，你花的时间绝对没有我多。你也想花时间投入到篮球中，但是你做不到，因为你总是有其他事情要做，其他责任要去承担，你会分心。所以，我已经赢了。”当人把全部精力专注于一个领域，成功距离他就是最近的。在同时代的NBA球星中，科比也许不是最有天赋的，但他绝对是那个训练最努力、对篮球事业最专注的人。正是这种专一，铸就了科比伟大的一生。因为热爱，所以专一，因为专一，所以强大，这就是科比精神。

有的人注定不平凡，有的人注定成功，有的人注定被世人铭记。在科比将近20年的职业生涯中，他对篮球这项事业执着且专一。他一生的时间都只专注于篮球这一件事，付出了全部的时间和精力。谈及科比，马刺球员德罗赞曾说过："我每次与他交流时，都会发现他是如此严格要求自己，对于所有方面，无论是生活，还是篮球细节，他始终保持专注，渴望成就伟大。多年以来，他始终严格要求自己，这非常不容易，这是我所钦佩他的地方。"正是因为专一，所以心无旁骛，所以收获成功。我们不否认天才的存在，但是所有的成功都是建立在专注于一个领域的基础上。古人有云，术业有专攻，在篮球这件事情上科比做到了！

同样的道理，人在职场，不管做哪一行，无论做什么事，都要精神专一、追求极致。每一个人的职业生涯是短暂且珍贵的。我们想要在专业领域做出成绩，就要付出全部的时间和精力。只有一心一意地去钻研，才能最终获得职业上的成功。

在全球移动互联时代，职业分工越来越细，竞争越来越惨烈，**这就要求我们对从事的专业领域，达到一定的深度和精度。而这种深度和精度，没有苦心孤诣、独守青灯的恒毅之心，鲜能企及。**所以，我们想要在专业领域取得成就，就需要具备一定的匠心精神。那职场的匠心精神对我们来说意味着什么呢？

一 / 一次只专注一件事

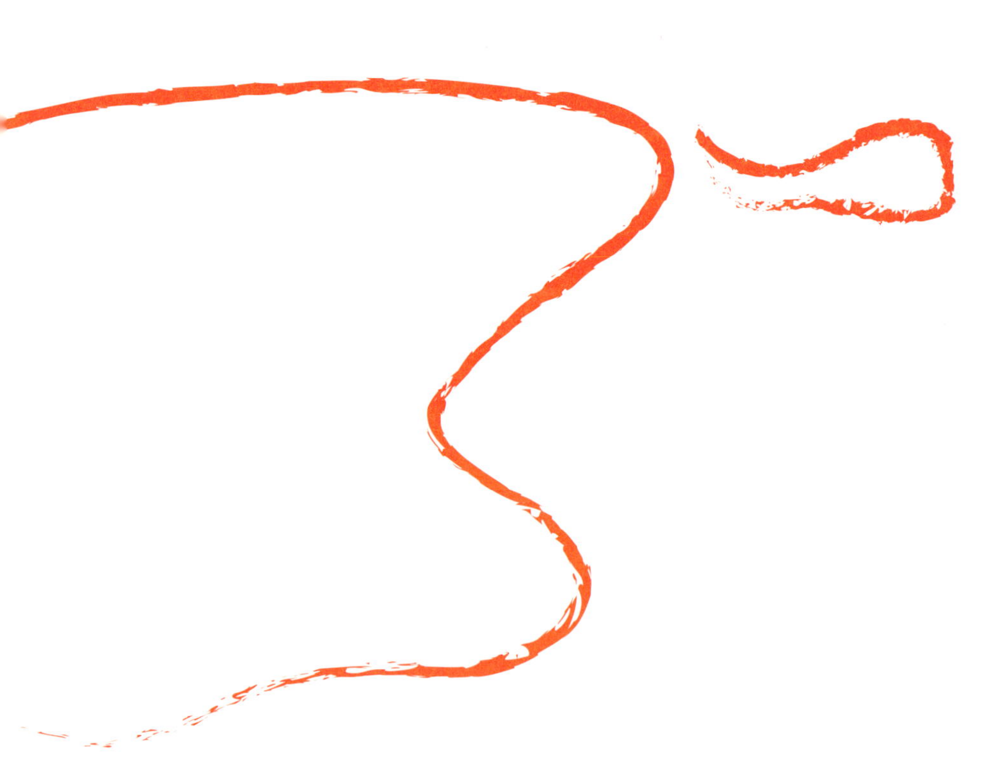

有位企业家曾经说过："当我们全身心地投入一件事情，我们就会发现，做这件事情所带来的疲惫感大大降低。"所以，在工作中取得出色业绩的人，他们往往坚守着一次只专注一件事，并且把这一件事做到底的工作原则。**"一次只专注一件事"，意味着我们要把所有的思维和想法集中在一件事情上。也意味着一个时期内只有一个重点，同一时刻只专注于一项任务，尽可能简化工作流程；它同样意味着一个人在某一段时间里只把精力完全集中于一件事情上，并把这一件事做到最好。**一次只专注一件事，这有助于保持注意力集中，提高工作效率。

管理学大师彼得·德鲁克曾经在《哈佛商业评论》上发表文章，以他多年的丰富经历，非常肯定地指出："如果大多数人集中精力专注于一项工作，他们都能把这项工作做得很好。"德鲁克认为，获致效能的秘诀，便是"专一"。一个人的精力是非常有限的，如果把精力同时分散在好几件事情上，将会大大降低工作的效率。能成事的人只会在同一时间段专心地做好一件事，这样才能由点及面、全线突破。

在现实工作中，我们必须学会每次只专注于一件事情的工作态度，这将帮助我们把时间首先运用在最重要、最能产生效益的工作上，不至于因为一下想做太多的事，反而一件事都做不好，结果两手空空。卓越的职场人士往往懂得专注的重要性。"一次只专注一件事"，可以使我们静下心来，心无旁骛，一心一意，就会把那件事做完做好。倘若我们好高骛远，什么都想抓，什么领域都想顾及，那么最终什么问题都没有解决透彻，就如同猴子掰玉米，一个没掰下来，又去扯另一个，结果是一无所获。

所以，初入职场我们要养成一次只专注一件事情的工作习惯。如果将心分散在太多的事情上，这就如同计算机的内存中塞满了处理命令，会导致运行缓慢甚至死机，效率极其低下；也更容易出现失误，工作结果也无法保障。

在职场，做工作要养成良好的习惯，一次只专注一件事就是其中之一。然而在现实的职场，没有谁的岗位职责只有一种职责，没有谁一天下来只做了一项工作任务，也没有谁手里只捏着一个项目。甚至到了企业比较忙碌的时期，会出现一个人当两个人用的情况，每个人手里的各项工作会很多，经常是一件事情还没做完另一件事情又接踵而至，当所有的事情都赶在一起就极其容易出现眉毛胡子一把抓的情况，每件事情都很急，都很重要，你也找他也找，让人焦头烂额，这个时候我们就更需要静下心来，专注于一件事情，否则最终的结果就是每一项工作都没有做好，每个项目都没完成，反而坏处更多。

在网络上，有很多关于时间管理的办法，其中最有用的就是著名的番茄工作法和四象限法则。进入职场，可以准备一个笔记本，每天上班之后把一天的工作按照重要紧急程度进行划分，安排好自己处理每一件事的时间长度，只专注一件事情，要求自己全身心投入，直至完成。然后在下一个时间段，再次全身心地投入到另外一个工作事项上，如此反复，直到完成自己安排的所有工作事项。一天下来，有张有弛，有收获，有成就，当把一天的工作事项全部完成后，这就是职场最幸福的时光。

“一次只专注一件事”除了要求我们拥有较强的时间管理能力，还要求我们要拥有不轻易被其他诱惑所动摇的意志力。缺乏意志力，经常改换目标，见异思迁或四面出击，难以成功。

有一个记者，平时工作非常忙碌。既要采访，又要编辑，但他采访和写稿的效率非常高。但有一段时间，他写稿常常要拖上大半天，甚至一整天。这种状况一直出现。于是他开始分析原因，看看自己在工作的时候都做了些什么。结果他发现，在同一段时间，他想做的事情实在是太多了，写稿的同时打开工作视频，或者听行业报告，或者在行业媒体上和同行交流，还时不时收发邮件，看新闻，或发送手机短信。如此这般折腾，似乎什么事情都在做，却什么事情都做得不顺利。

信息化时代，工作过程中的各种诱惑实在太多了，手机上的一个信息，计算机上的一则新闻，偶尔接到的一个电话……都会使注意力瞬间被转移，这就需要我们在一段时间内抵挡住想要做其他事情的诱惑。在此过程中，我们需要下意识地关注自己的行为，牢牢地记住所定的目标和时间节点，刻意地控制大脑，让它专注到目前正在从事的事情上。

抵挡住工作过程中的各种诱惑，让我们强大的意志力发挥作用，是形成“一次只专注一件事”最有效的办法，同时，也是职业人专业修养中非常重要的一部分。人一旦专注到自己所做的工作任务中，大脑所有的注意力都会围绕工作进行，它会自动将我们与外界隔离开来，摒弃一切的物境纷扰，甚至让我们忘却了过程中的艰难和疲惫。当我们善于运用这一有益的力量时，就会产生更大的决心和信心，从而让“一次只专注一件事“成为自己的工作习惯。

二 / 顶得住诱惑

职业人精神的内涵有三，即“守、破、离”。守，是锻炼基本功，学习技术理论；破，即一段时间后，去尝试进行一些顺应时代的改变，或许成功，或许失败，但都能形成一定的积淀；离，即与外界事物持一定的距离，戒骄戒躁，客观地进行观察，从而能够形成自己独特的理解。其中，“离”的意义就在于要顶得住诱惑，不朝三暮四，能够沉下心来把一件事做好。

在以严谨、认真著称的日本，“匠人”比比皆是，分布在不同的行业和不同的地区，甚至形成了一种“道”的文化，又叫作“匠人精神”。例如说茶从中国传到日本，它演变成一种专门的艺术形式，叫作“茶道”。花在日本也不仅仅是观赏性的植物了，延伸成了“花道”，棋本来就是一种娱乐方式，日本却又有“棋道”，还有剑道、各种料理等，很多我们平时看起来稀松平常的小事，在日本不仅仅是工艺，更是形成了一种文化。而日本之所以能够形成如此精湛的匠人精神，最主要的原因之一就是能够抵挡住诱惑。

“日本寿司第一人”小野一郎，为了保护那双创造寿司的双手，一生都在要求自己不工作时也要戴手套，从而保证了他每一次下厨都能全身心投入，从而不受影响。同时，也保证了每一个寿司的口感达到既定的标准。

在世界各个领域，都存在像小野一郎一样整整几十年都从事同一项事业的匠人。可能会有人好奇：他们不会感到厌倦乏味吗？日本一流的茶道大师木村宗慎的回答是：“我才干了 30 年，我哪里会厌倦？”在他们的内心世界里，自己所专注的东西需要不断地精进，精力从不分散到别处，时间便感觉过得很快。

一丝不苟的工匠精神是我们这个时代的需要，更是职场的需要，**职场需要具有匠心的员工，把工作做到极致，做到完美，提升员工的心性，为企业创造价值**。同时，干一行，钻一行，并且长久坚持下去，追求产品的精，追求工作的极致，精雕细琢，精准智造。正如老干妈陶华碧所说：“我只会做辣椒酱，我就要把辣椒酱做好。”这是一样的，能耐得住寂寞，经得起诱惑，专注地做好工作，这就是成功的秘诀。

因此，想要在所从事的专业领域达到精深的境界，必须拒绝内心的欲望和外界的诱惑。一旦我们被外界所干扰，我们的精力就会被无限地分散，甚至会忘记了到底为什么出发，工作中的创造能力也将大大下降。

工作不专一，就会让工作流于表面。对自己所从事的专业领域不专一，就会导致技能泛泛，无法达到精通的程度。所以，很多企业在招聘时非常看重员工是否能够经得起各种诱惑，只有能够经得起诱惑的员工才能专注技术，沉浸工作，取得好的业绩。

一家企业的人力资源部主管为了寻找与公司价值观契合的人才，每次在面试快要结束时，都会问一个与专业知识无关的问题：天气干旱了许久，田地里的稻禾急需补充水分。你的工作是挑水去田地浇水。你的能力可以让你轻松自如地担一担水，沿途也很轻松，你可以看看风景，而且你还会有时间回家睡一觉。你会怎么做，为什么？

几乎所有的人都说会挑一担水去田地，然后把剩下的时间花在别的工作中。

这个答案看起来无懈可击，但是却直接暴露了经不起诱惑的一面。只有一个小伙子回答他会再担一担水。他的理由是，既然我可以轻松自如地担一担水，那么应该有能力担第二担水。虽然担两担水会很辛苦，但却可以让禾苗多喝一些水，它们就会长得更好。回家当然很好，但是树苗没喝够水，不就是工作没做好么？

最后，只有这个小伙子被留了下来。而其他的人，则没有通过这次面试。

其余的人都没有想到，“轻松自如”和“回家睡觉”正是企业考验员工能否抵抗住工作中的诱惑，自行把工作做好的一道难题。对于企业来说，抵抗不住诱惑的人根本不可能把工作做好，他们一心想的都是如何让自己更舒服，不会付出精力和心血把自己的工作做好。

在职场，新人之间是十分相似的，尤其是同龄人之间，没有谁的智商比别人高，也没有谁比谁的工作经验更长久，大家的学历差不多，能力差不多，阅历也差不多，甚至工作内容的难度也没相差多少，大家站在同一起跑线上，但是有些人却可以把工作越做越好，越做越精。过了几年回头看看，无论是能力还是阅历都远远高出别人一大截，差别之一就在于他们有更强大的意志力，能够抵挡住诱惑，不让自己被无关的事情打乱工作进度。

工作过程当中难免会遇到各种各样事情的纷扰，会扰乱思绪，影响专注度。但请记住：**绝大多数的诱惑只能满足我们当前的需要，但却会妨碍我们达到更大的目标或计划。**这个时候，我们需要的是屏神静气，站稳立场，经得起诱惑。

每个职场人在工作中追逐梦想、实现目标、遇到困难、跨越另一个高度、提升能力时……都会遇到各种各样的诱惑，有些诱惑让我们不能全身心地投入工作，影响工作结果，阻碍目标的达成；有些诱惑让我们缩回到舒适区，不敢挑战困难，战胜障碍；有些诱惑让我们三心二意，飘忽不定，一山更望一山高，总想追求貌似更好的平台和发展。这就是阻碍一个人把事情做到极致的最大障碍。

而一个真正的职场匠人，一定是那些扛得住诱惑的人，他们往往比别人更多了一份坚守和坚持。他们在诱惑中坚持，积极而踏实地工作，追求极致，追求完美；他们在诱惑中守候，让诱惑锻炼自己坚强的意志，让自己在众多光鲜的职业中，看清诱惑，唯独钟情于自己从事的领域。因此他们比别人走得更远，他们的职业之路也更加丰富而灿烂。抵挡诱惑是追求匠人精神中非常重要的一点，如果我们能做到，那么就具备了匠人精神的“神”，而我们还要追求匠人精神的“行”，这个“行”指的是什么呢？达到极致，成就完美，细节至关重要。有了细节，才有极致。

三 / 注重细节、精益求精

惠普创始人戴维·帕长德说：细节成就完美。各个行业的杰出人士基本上都是关注细节的人。对细节的关注，关系着一个人能否发挥出潜在的动力与能量；也决定着一个他在专业领域所能达到的成就。细节决定成败，有时候决定一个人胜负的往往是那些小的细节。初入职场，千万不要让细节成为自己职业发展的绊脚石。

曾有一位大学应届毕业生陈某因为一份简历在应聘时栽了个大跟头。

事情的经过是这样的：参加招聘会的那天早上，小陈出发前由于着急不慎碰翻了水杯，不巧的是，简历还放在桌子上，这一杯水下去，简历彻底浸湿。为尽快赶到会场，小陈只将简历简单地晾了一下，便和其他东西一起，匆匆塞进背包。

在招聘现场，小陈看中了一家房地产公司的广告策划岗位。按照这家企业的要求，招聘人员将先与应聘者简单交谈，再收简历，被收简历的人将得到面试的机会。

当小陈顺利地得到了面试的机会，欣喜地从包中掏出简历时，赫然发现，简历已经被揉成一团，不成样子。他努力将它弄平整，但上面却留着刺眼的水渍和划痕。看着这份伤痕累累的简历，招聘人员犹豫了一下，还是收下了。

三天后，小陈参加了面试。面试时，无论是现场操作 Photoshop，还是为虚拟的产品做口头推介，他都完成得不错。小陈自以为稳操胜券。然而，小陈回去之后却迟迟没有得到回复。于是，他忍不住打电话向面试官询问情况。对方告诉他："虽然你整体表现得让我们很满意，但你递交了这样一份凌乱、糟糕的简历，实在有损你的个人形象，你连简历都保存不好，如何让人相信你能做好自己的工作呢？"

小陈面试失败，就败在了那张简历上。这件事给了小陈深刻的教训，从此，他变得细心起来。他深切感到，决定事情成败的，有时往往真的只是一个小小的细节。

对于小陈而言，从一开始，那份没被注意到的简历就已经决定了结果。简历的事说大也大，说小也小，它大到能够代表个人的形象，却也小到，它只是一张有着个人信息的A4纸而已。如果能确保这类“小事”的完美，它就可以为我们锦上添花；当然如果注意不到，它也可以让我们的一切努力前功尽弃。**在职场，工作无小事，每一件小事都是工作中重要的组成部分，都可以牵一发而动全身。**在职场，我们常常听到要注重细节这样的工作要求，就是要注重工作中的小事，要知道，工作中无小事。

麦当劳作为西式快餐行业的霸主。在中国向来开到哪里，火到哪里。麦当劳之所以能够取得这样的成就，除了食物的口感之外，最关键的一点是，在入驻每一个市场之前，它都做了大量充分细致的准备工作。20世纪90年代，麦当劳计划入驻中国，为了保障首家店铺的顺利开张，麦当劳提前5年就开始调查研究中国消费者的经济收入情况和消费特点。做完前期的调查之后，又开始在中国东北和北京市市郊试种马铃薯。并且为了适应中国消费者的就餐需求，定制了符合中国人身高体型的柜台以及桌椅。之后，麦当劳开始甄选首家店铺的地址，针对北京的5个地点反复进行论证比较。

终于，当麦当劳做足这所有的准备之后，正式在中国开设分店。首家麦当劳一经开张，就一炮打响，创造了巨大的销售业绩。

如果没有前期对中国消费者的跟踪调查，没有试种马铃薯，没有有针对性地设置柜台桌椅尺寸，没有进行口味测试和分析等这些小事，拍下脑子就进驻中国餐饮市场，完全地照搬西方的经营和管理及产品，麦当劳是不可能一炮打响的，更没有机会在中国餐饮市场上遍地开花。这就是小事的力量。在职场中是同样的道理。工作中没有大事小事之分，任何一项工作都需要我们用心去对待，不管面对什么样的事情，都不能有敷衍轻视的心态。

对于大多职场新人而言，工作往往都是由一件件所谓的“小事”构成的，客服人员每天做的工作就是接打电话、整理信息、制作表格；建筑师每天的工作就是绘制图纸、测量尺寸、设计方案；财务人员每天的工作就是核对数据、制作报表、审核收据……这些事情看起来很小，但正是小事才组成了一整件大事，缺少任何一部分，这件“大事”都不是完整的。

从整体上来看，每一位客户、每一份策划，甚至是每一次敲打键盘都是有意义的，都是重要的，只有把这些所谓的“小事”都做好了，整个工作流程才会顺畅。千万不要浮躁地认为小事怎么做都行，只要做一次“大事”就能功成名就。要知道，只有把所有的小事都做好，才能有机会做更大的事情。如果连小事都做不好，又怎么能做好大事呢？

只有认真对待这些小事才能有机会和能力去做更重要的事。所以，日常工作中要多跟小事“较劲”，越是被人忽略的小事我们就更应该多加注意，所谓对自己工作负责就是要求自己不放过任何一件小事，小事做好才是成功的开始。

除了“工作无小事”外，注重细节还有一点至关重要，那就是“工作无小错”，也就是不能对工作中的一些小问题、小错误、小毛病放任不管。其实，在工作中出现的往往是一些很小的错误，例如说，提交的文案出现错别字，提交的报表上多了或少了一位数字，忽略了来访客户的职位名称等。很多人明明知道，但却因为怕麻烦而选择忽略。但如果去了解一些成功人士，就会发现，他们有一个共识：工作无小错。因为，小的错误也可能会引起严重后果，千万不要因为错误的微小而忽视它。

正所谓“千里之堤毁于蚁穴”，小错不断，总有一天是会犯大错的。以下这则关于执行细节的寓言故事为我们揭示了这样的一个道理：当对工作中的小错置之不理，忽略它、轻视它，那么有一天它带给我们的将会是巨大的打击。

在一艘远洋海轮上，有一位水手莫斯。每次出海，都会给他的妻子写信。一次海轮停港卸货时，莫斯去当地的市场上私自购买了一盏台灯，并带回了船上，准备写信时照明用。

回船之际，莫斯碰见了二副古斯曼。古斯曼提醒他说：“这个台灯底座很轻，船晃动时特别容易掉下来，一定要千万小心。”莫斯表示他一定会保管好台灯。将台灯放回房间之后，莫斯就前往船舱工作。不久之后，他的一位好朋友到他的房间来找他，这位朋友是船上的服务生。服务生发现莫斯不在，就坐了一会，随手将那盏台灯打开。离开时，并没有将台灯熄灭。

傍晚时，大副带着莫斯进行安全巡视，来到莫斯的房间时，大副没有进去，而是让他自行检查。莫斯点点头，然而由于另外一位水手临时找他有事，就随之离开了，并没有进入房间。

晚上六点，海轮遇到了风浪，开始颠簸。莫斯那盏开着的台灯在船体晃动时掉落在地上。电流引发的火苗开始从莫斯的房间蔓延。这样的火势本该被及时发现并被扑灭，但是船上的消防探头被损毁，且没有及时更换。等到火灾被发现时，已经无法控制。很快，大火将整条船淹没。船上的21名船员无一人幸免。

可以看出这是一起由多个微小失误叠加而造成的责任事故。水手莫斯私自带回了一盏台灯，成为事故的导火索；二副古斯曼看到了危险，并且进行了提醒，但却没有强加干涉，任由莫斯带回了台灯，违反了互相监督、确保安全的有关规定；服务生来到莫斯的房间，随手开了那个违反条例的台灯，并且在离开时没有记得熄灯，违反了人走灯灭的安全条例；再加上船上的消防探头没有及时更换……一系列看似微不足道的“小失误”造成了一场大失误。

有时 1% 的错误会带来 100% 的失败。在职场上，有些人会认为自己大错没有，小错不断，就无伤大雅，其实这样的心态是大错特错的，这是对工作不负责任的表现，也是对自己不负责任的表现。在职场，我们要时刻警醒自己“工作无小错”，防微杜渐，意识到自己犯了小错误，要及时更正；否则，终究这些小的错误会集腋成裘，造成大错，让我们后悔不迭。

工作中没有小事，更没有小错，踏踏实实地对待自己每一天的工作，认认真真、专注地对待自己的每一项工作任务，精益求精，追求极致，这是每一个职业人必须具备的匠人精神。每一个想在职业上有所成就的职场新人，从担任工作的那一刻起，都应该把它渗透到工作中，这是一种态度，更是价值观的追寻。

每一个将匠人精神发挥到极致的职业人，都是伟大的，因为他们对自己内心的追求始终如一。有些人做不到深耕一个行业、一项工作，那是因为他们没有用心爱上自己所从事的这份职业，匠人精神的首要原则就是热爱，是一种热爱工作的职业精神，热爱自己的工作，热爱自己的事业。这种热爱出自工作本身。

四 / 用心爱上自己的工作

里恩是一位建筑设计师，在自己所从事的岗位上倾注了长达一生的热情和心血。虽然他幼时体弱多病，但这样的身体条件，却拥有着不可思议的力量，设计出了让整座城市都为之赞叹的建筑作品。

他从小就对建筑有着独特的领悟和见解，总是用一双敏锐的眼睛观察身边每栋建筑的环境和光影，展现出了超越常人的感知力。从建筑学院毕业后，他开始正式从事建筑行业。从一开始的籍籍无名，到后来的成绩斐然，他始终怀抱着一种信念，坚持在建筑的道路上走下去。他一生参与设计了数十座城市大厅以及教堂，其中最重要的一件作品是他所在城市规模最大的教堂，里恩为之倾注了数十年的心血，这不是任何人都可以做到的，而他却用自己满腔的爱完成了这项工作。

90 多岁的他依然热爱着自己的工作，当别人问到他为何能够在建筑行业上坚持数十年并且取得如此优秀的成就时，他回道：因为热爱。

中央电视台曾播出过一部纪录片《大国工匠》，其中讲述了 8 个“国宝级”的工匠，虽然他们文化水平不同、年龄有别，但他们都对自己的工作饱含深切的热情，不断地去提升自己的能力，打磨自己技艺，付出了常人难以想象的勤奋。所以，创造出了人类最优秀的作品。这就是热爱的力量。

对工作的热爱会产生强烈的工作热情，它激发人的个性，给予信心和动力，带我们迈向成功。对待工作，一旦缺乏了爱，产品和服务都将失去温度，无论什么时候，都要热爱自己的工作，投入热情。热情就是一个人保持高度的自觉，就是把身上的每一个细胞调动起来，完成自己内心渴望去完成的工作，久而久之，投入的热情必定会在职场绽放绚丽的花朵。

一个大学生，毕业后入职到了一家广告公司担任创意文案策划，他很喜欢自己的这份工作。在公司里，他只要工作起来，就像进入了忘我的状态，他对工作投入的那份巨大的热情和专注，总是在不知不觉中感染着周围的同事。而他对工作的热情和专心，让他的工作效率也比一般的同事要高很多。

一次，一个著名的洗衣粉制造商委托他所在的公司做广告宣传，负责这个广告创意的几位文案创意人员拿出的东西都不能令制造商满意。于是，经理让他把手中的事先搁置，专心把这个创意文案完成。

连着几天，他在办公室里不停地研究和思考："这个产品在市场上已经非常畅销了，前任广告词非常富有创意。那么，该怎么入手才能重新找到一个点，做出一个与众不同，又令人满意的广告创意呢？"尽管想出一个绝妙的创意很辛苦，甚至很累，但是他还是对工作投入了巨大的热情。

有一天在苦思冥想之际，他将手中的洗衣粉放在办公桌上，又翻来覆去地看了几遍，突然间灵光闪现，想把这袋洗衣粉打开看一看，于是找了一张报纸铺在桌面上，然后，撕开洗衣粉袋，倒出了一些洗衣粉，一边用手揉搓着这些粉末，一边轻轻嗅着它的味道，寻找感觉。

突然，在射进办公室的阳光照耀下，他发现洗衣粉的粉末间遍布着一些特别微小的蓝色晶体。审视了一番后，证实的确不是自己的眼睛看花了，他便立刻起身，去制造商那儿问这到底是什么东西，得知蓝色晶体是一些"活力去污因子"，因为有了它们，这一次新推出的洗衣粉才具有了超强洁白的效果。

在明白这些情况后，他感到非常兴奋，决定就从这一点入手，为产品寻找最好的文字创意。又经过一天的绞尽脑汁、冥思苦想，他终于推出了非常成功的广告文案。他的方案，前后所用的时间加起来只是同事们的一半，工作效率却远远高于其他同事。广告播出后，产品的销量急速攀升。而他投入全部热情所取得的成绩，也得到了领导和同事们的一致好评。

这就是热爱的力量，热爱能让人迸发出强大的工作热情，能让人全身心地投入工作，寻找问题，解决问题；我们会去打磨自己的工作技艺，提升自己的工作能力，付出自己的时间和精力把工作做到极致，并取得巨大的工作成果。热爱自己的工作，仅仅这一条就能决定人的一生。人是这样的一种动物，对于自己热爱的事情，再辛苦也无怨无悔，再付出也觉得心甘情愿，这样做任何事情就都能成功。所以，进入职场，我们要用心爱上自己所从事的工作，当与工作结为一体，连同身心，全部投入其中，热衷于此，一定会脱颖而出。

对于大多数初出茅庐的职场新人，**我们要做的是先爱上自己当下所从事的工作，脚踏实地，从眼前的事情开始做起。**只要爱上了，就会不辞辛苦，不把困难当苦难，就能一心一意埋头工作，做出成果，获得大家的好评，从而就会更加热爱自己的工作，进入良性循环。只要这么做了，就能认真对待自己的每一件事，并在力所能及范围之内把它做到最好，这就是一种成功，这样，就实现了自己的价值，职业之路也必然会硕果累累。

曾经在微软亚洲研究所工作的潘锦辉，凭借灵活而敏锐的思维方式以及锲而不舍的钻研精神赢得了业界专家的一致好评，并有机会在许多国际知名的大企业中工作。

进入职场后，潘锦辉努力工作，虽然她取得了快速的进步，但发现现实的工作距离她美好的憧憬和设计越来越远，所以一直有个问题困惑着她：成功究竟是什么？是事业的成功？是名利？还是名誉？潘锦辉始终没有想出来一个明确的答案。

有一天，一位学长无意间问潘锦辉："你到底对做什么感兴趣呢？"一句惊醒梦中人，这句话如同醍醐灌顶一般一下子点醒了潘锦辉，令她在一瞬间想明白了许多：成功之路有很多条，成功的定义也有很多种，只要是在职业理想的指引下，专注所从事的领域，并把它做到最好，真正实现了自己的职业价值，就是成功。就应该为此感到自豪和快乐。

从此，潘锦辉积极投入到了乐观、充实的职场当中。

工作时，她总是尽力做到最好。每天她都会无比兴奋，因为可以从学习的过程中累积更多的经验和知识，学到与不同的人相处、合作的技巧，让自己收获更多，进步更快。

潘锦辉说："现在的我，经过了许多顺境和逆境。在这个过程中，我试着将职业理想变成现实可行的奋斗目标。我不确定是否能够获得想要的一切。但我无比确定，对我而言，成功就是不断地超越自己，在自己的专业领域上不断进步，有所成就，这就是理想的意义。这也是成功的意义。"

究竟什么是成功？其实无论我们追求的是什么，都应该跟过去的自己作对比，比原来的自己强、更清醒……只要超越了自己，就是成功。在工作中同样如此，所谓的职业成功，是比原来的自己更加优秀，而工作能带来的不仅仅是职场含金量的提高，更是自身的一种蜕变，当我们一天比一天能力更强，一天比一天阅历更丰富，一天比一天能够把工作做得更好，一天比一天更充实，从一个小白成为更加优秀的职业人，这就是成功。工作让我们获得了崭新的自己，不断地超越自己，变得更强大，更有力量。而这也是匠人精神的核心所在。匠人精神追求的不仅仅是把自己的事情做到极致，也是不断超越自我，追求自身的极致，只有极致的人才能做到极致的事。当我们能够成为更好的自己，专业技能会更精深，就会越早脱颖而出，早日实现职业梦想。

【本节要义】

1. 现代职场要求我们对所从事的专业领域，必须达到一定的深度和精度，而这种深度和精度，唯有专一才能企及。

2. 工作中的专一，表现在以下三方面。

（1）一次只专注一件事：在一段时间里只把精力完全集中于一件事情上。

（2）顶得住诱惑：全神贯注，一心一意地专注眼前工作。

（3）注重细节，精益求精：工作无小事，每一件小事都是工作中重要的组成部分。

【思考题】

（1）在你所选择的专业领域，你想达到一个什么样的成就和标准？准备如何实现？

（2）你是否曾经心无旁骛地投入到某一事情中？在这个过程中，你的体验感是什么样的？

（3）你对自己的专业以及工作热爱度有多少？

情绪

坦诚

言事

第三章

第一节 坦诚

巧 伪 不 如 拙 成 ， 对 人 对 事 应 赤 心 相 待 。

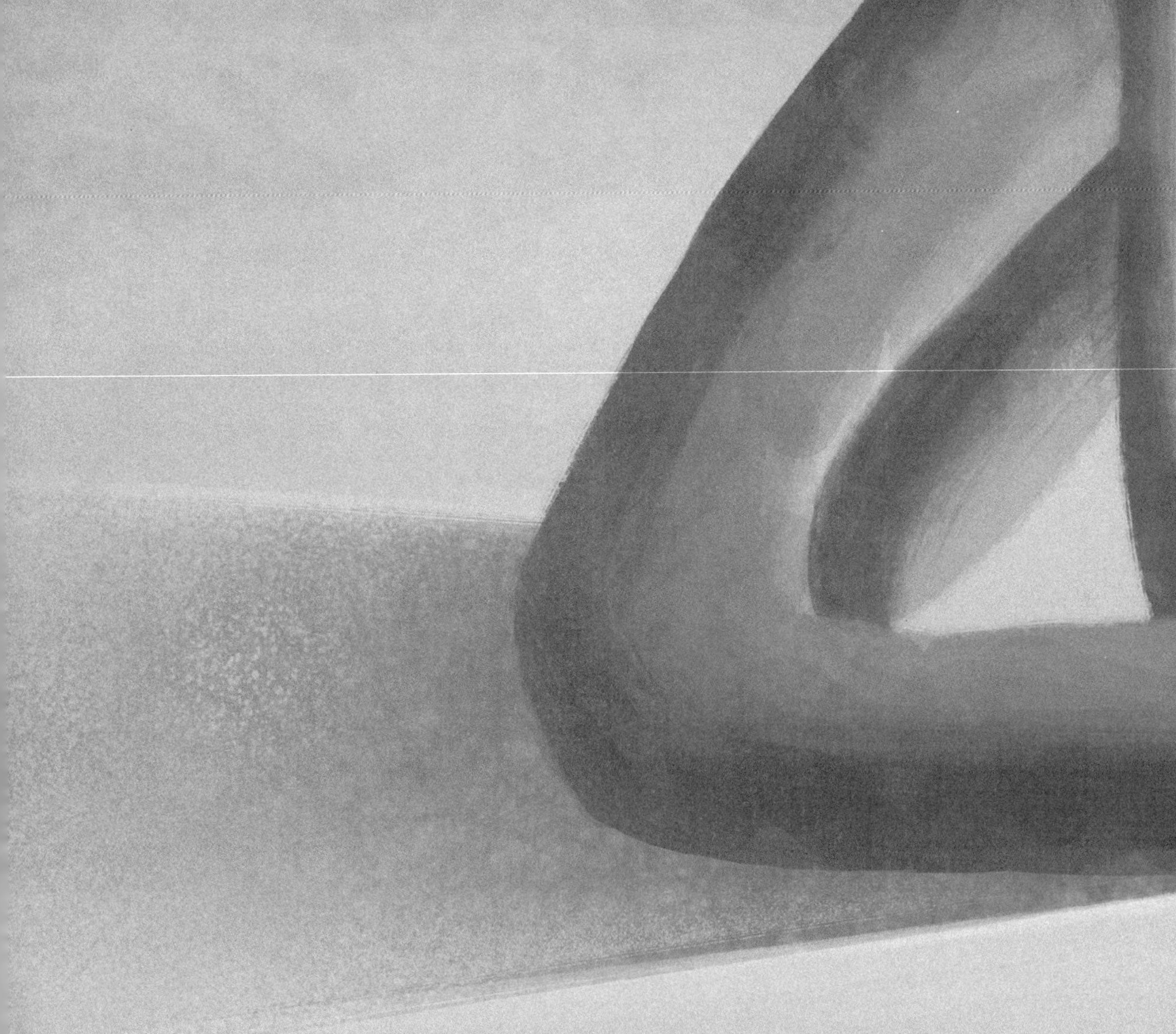

回想过往时光，在我们的职业生涯中一定会有这么一个身影，每当想起这个身影，我们就会感到温暖而美好，这个人可能是我们的领导、同事、同行、客户……无论是谁，他一定非常坦诚地对待过我们，让我们深受感动。而每当想起这个身影，那些感动我们的瞬间和片段就会浮现在我们眼前，无论经过多久依然历历在目，那么鲜活且历久弥新，而这就是坦诚的力量。

一 / 坦诚是我们应有的品质

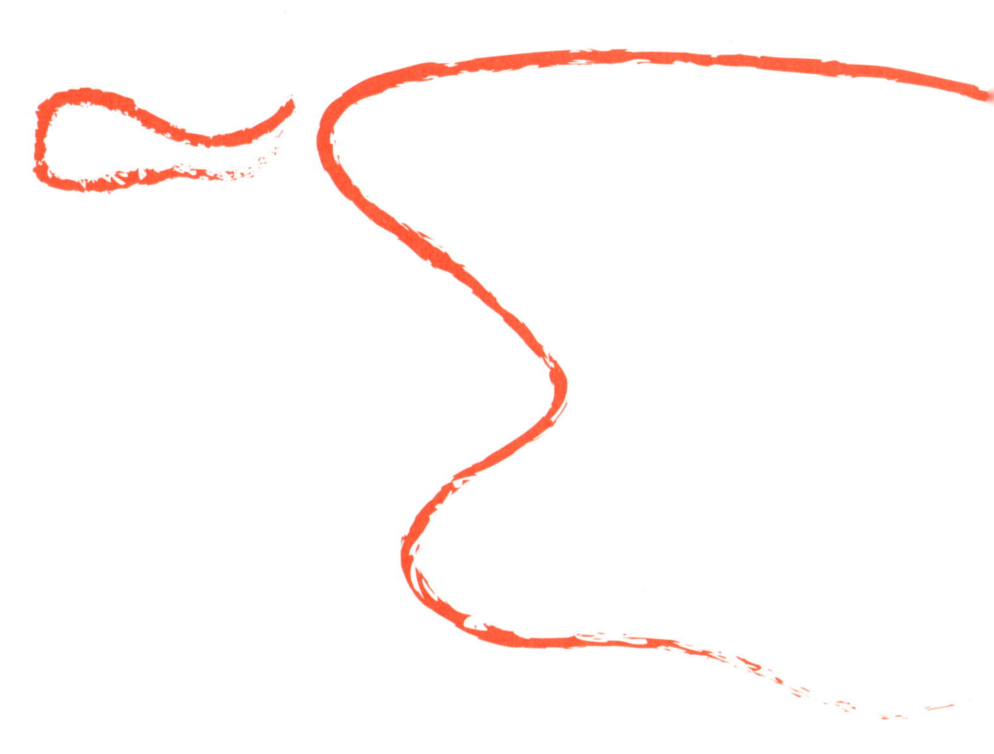

二 / 坦诚之人不欺瞒、不伪饰

坦诚之人首先要做到不欺瞒、不伪饰，要做到实事求是，这是坦诚最基本的要求。想要通过欺瞒、伪饰获得快速的成功，就像根基不牢的房屋，一次微小的震动都可能引发事故而坍塌，造成不可估量的损失。有没有特例的情况呢？没有，因为当潮水退去，就知道谁在裸泳，而潮水终归会褪去，差别只在于时间的长短，反而是时间越长，造成的损失会越大。

2019 年 7 月，因为用户信息泄露事件，FTC（美国联邦贸易委员会）向 Facebook 开出了 50 亿美元的罚款，事件起因于 2018 年 3 月的“剑桥分析丑闻”。

剑桥分析的 Kogan 假借学术研究之名，在 Facebook 上推出了一款用于心理测试的 App，然后，Kogan 利用这款 App，在未经用户允许的情况下，直接提取了用户及其好友的信息数据，涉及人数多达 5000 万人。

2018 年该事件被媒体曝光后，举世哗然，剑桥分析也因此被人们唾弃，最终不得不宣告破产，事件持续发酵，如今 Kogan 也面临着牢狱的风险。同样，Facebook 因为误导用户，造成大量用户信息外泄和滥用，而被提起诉讼，更是遭到多个联邦机构调查，不但遭到巨额罚款，更是引起全球 23 亿用户的恐慌，丧失了公信力，这是 Facebook 用多少钱都挽回不了的。

巧伪不如拙成，如果 Kogan 能做到如实告知用户，获得许可后再收集信息数据，或者 Facebook 不误导用户，加强监管，堵塞信息安全的漏洞，“剑桥分析丑闻”这个事件就不会发生。看似欺瞒用户、伪饰错误，Facebook 和剑桥分析获得了一定的收益，可是当潮水退去，真相浮出水面时，暴露在大众的怒火之下，Facebook 和剑桥分析都付出了更为惨痛的代价。假设从一开始就采用坦诚的态度，毫无疑问，他们的命运一定要比现在好得多。

坦诚的人，就像双面镜，内外力求一致，对工作实事求是，有一说一。而有的职场新人却总爱做“表面的装修”，即使内里的质量参差有瑕，在汇报工作时，却喜欢用数据把平庸的工作包装得光鲜亮丽，对重点的问题避而不谈，只一心向领导夸夸其谈，粉饰自己的工作成果，这种行为就是领导眼中不坦诚的“小聪明”。在实际工作中，职场新人不要尝试在领导面前要那些无谓的小聪明，因为表面装修做得再好，也经不起锤子的考验。

对工作实事求是，这是最起码的职业操守，好就是好，不好就是不好。如果工作有不足之处，一味隐瞒遮掩并不能解决问题，反而容易积压隐患，造成更加恶劣的后果，最终阻碍职业发展。只有把真实情况坦诚地讲出来，隐患才能被拿到阳光下进行讨论，问题才能被解决，在这个过程中，新人才能获得实实在在的成长。

所以，欺瞒和伪饰看似抄了近道，获得了一定的收益，但实际上却是为了捡个芝麻而丢了西瓜，面对芝麻和西瓜，我们很容易分清孰轻孰重，可是当面对现实中的诸多诱惑，当周围不断有人因不坦诚而尝到了甜头，当因为坦诚而遭受冷待，当人们似乎以欺瞒、伪饰为荣时，我们还能否坚守本心，理性对待呢？这就需要我们清楚，如果一开始路就走歪了，之后的路只会越走越偏，即使迷途知返，也需要走更曲折的路径才有返回的可能。人生其实是一场马拉松，我们比的是长跑成绩，所以，一个成熟的人必定是坦诚的，他会懂得在一开始就实事求是，即便遇到问题或困难，也能及时地遏止或解决，而这才是我们应有的态度和精神。

三 / 向他人敞开心扉、赤诚相待

不欺瞒、不伪饰是对职业人的基本要求，作为追求进步的人，我们对自己还要有一个更高的标准，这也是坦诚的核心要求：向他人敞开心扉，赤诚相待。同时我们也应当明白，只有先做到不欺瞒、不伪饰，我们才有可能向他人敞开心扉，赤诚相待。

斯科特刚加入谷歌公司的时候，曾经就谷歌公司商务发展的现状，向公司创始人和CEO做了一个汇报。

据斯科特后来回忆说，她当时汇报的时候有点紧张，但因为当时这个业务做得非常好，所以，当斯科特公布了在最近几个月，又新增了多少发布商时，埃里克差点没坐稳从椅子上跌下来，然后，埃里克就向斯科特表示，他现在能为她提供哪些资源和帮助，让这个业务能够继续保持这种成功状态。这让斯科特觉得自己在这个会议上表现得很不错。

但是会议结束后，桑德伯格邀请斯科特一起出去走一走。桑德伯格先是肯定了斯科特为团队做出来的成绩，说了下会议中表现很好的地方，然后她说："但是你在会议中，'呃'字用得有点多。"可是斯科特却认为与获得的成果相比，个人随性的表达方式并不是什么了不起的大问题，没有谁会关心的。

没办法，桑德伯格只好又问斯科特是不是因为汇报时紧张，才会用那么多的语气词"呃"字？为此，桑德伯格甚至还建议是否请公司聘请一位演讲教练，来帮助斯科特纠正这个问题。

然而，让桑德伯格失望的是，此时的斯科特依旧沉浸在刚才成功的汇报会议里，没有在意她的话，并且斯科特还坚持认为这并没有什么问题，最后桑德伯格终于没有办法了，她只好对斯科特直白地说："很明显，我现在没有办法说服你，让你认同我的观点，所以我只能坦白地跟你说，你在汇报的时候，每三个字就会说一个'呃'字，这样的行为让你看起来很傻。"

这句话就像是一盆冷水兜头泼下，终于引起了斯科特的注意，最终，斯科特聘请了演讲教练，通过训练改掉了这个毛病，不仅如此，现在的她还成为了Twitter、Shyp、Rolltape和Qualtrics等公司的特聘教练。

有时候，批评听在我们耳朵里会感觉不太友善，这也是斯科特一直敷衍对待桑德伯格谈话的原因，但是，相信斯科特现在能明白了，那次的当面批评，是桑德伯格对她做的最为友善的行为了，如果桑德伯格没有当面点醒斯科特，斯科特就会不断膨胀，而她永远也不会意识到这个问题的存在，最终，这会让斯科特看起来永远都那么傻。

一些人值得他人尊敬的原因，在于他们可以坦诚地指出他人的错误。当我们认为有人做得不对或者不够好的时候，必须告诉他，这并不是刻薄，而是真正的关心、帮助他获得改进和成长，避免他重复陷入同样的困境，是把他从糟糕的事情中解救出来。当然，这个过程中我们要避免出现对人不对事儿的现象，毕竟，“你说‘呃’的时候听起来很傻”和“你真蠢”这两者之间是有很大的区别的，事实也证明了，在桑德伯格对斯科特敞开心扉之后，她也收获了斯科特对她的信任和尊敬。

以诚感人者，人亦诚而应。当我们敞开心扉向对方提出批评或建议时，就已经在和对方建立一种透明、互信的关系氛围，而这样的氛围将极利于合作与共进。试想一下，如果桑德伯格并没有向斯科特敞开心扉，对斯科特看起来很傻的表现保持了沉默，而当斯科特在其他地方闹出笑话时，是否会想，为什么桑德伯格从来都没跟她提过这样的事情？这样的想法一旦出现，就会瞬间淡化两人之间的亲密感，桑德伯格也会失去斯科特的信任。所以，对问题的漠视并不解决任何问题，反而会造成事态的持续发酵，直到这颗炸弹突然爆炸，破坏了双方信任的纽带，给双方都造成了原本不必要的伤害。

当然，我们也要知道，将军都是从士兵一步步成长起来的，职场新人所走的每一步路，都是领导曾经走过的经验之路。在身居高位的领导眼中，初出茅庐的职场新人就像是一个透明人，所有的小心思、小聪明都无处隐藏，领导统统门儿清。新人自以为很高明的手段，不过是一戳就破的套路而已。所以，要想在职场上走得远、走得稳，职场新人就需要保持一颗坦诚的心，永远不要在领导面前耍小聪明，否则就只是搬起石头砸自己的脚。

在当代职场，大多数职场新人很容易走进一个误区：把小聪明当成大智慧。刚刚踏入职场，作为新手，凡事都想表现得聪明些，以为只要自己在领导面前多多表现，只要自己含沙射影地诋毁同事，自己就能与众不同，很快就会脱颖而出，但结果往往是事与愿违，不但没有如愿，反而容易适得其反，给领导留下一个只会耍小聪明的差印象。一个人是只有上不得台面的小聪明，还是具备通透豁达的大智慧，关键就在于，在职场沟通时，他是否向领导敞开心扉，表现得足够坦诚。

所以，坦诚不仅是道德底色，更是一种胸襟和态度。只有做到不欺瞒、不伪饰，向他人敞开心扉，赤诚相待，我们才能收获他人的信任和坦诚，而只要这么做了，我们的坦诚就一定能够被看见。

随着年纪的增长，我们会发现，在职场中，尽管存在个体差异，但整体上，足够聪明、进化更好的人群，会更倾向选择公平、正义，更容易具有坦诚、善良的品质。同样地，随着职业生涯的发展，我们也会发现，当代职场中，坦诚能够帮我们筛选出真正的良师益友，这些良师益友在我们的职业生命中，会一路陪伴，激励我们不断前行，使我们受益无穷。

因为我们希望被他人坦诚相待，所以我们要对他人坦诚，还因为，我们本应当坦诚。

【本节要义】

1. 在职场中对自己坦诚，才能直面自身不足与缺陷；对他人坦诚，才能收获他人的信任与尊重。

2. 坦诚的两个标准。

（1）不欺瞒、不伪饰：内外力求一致，对工作实事求是，有一说一。

（2）对他人敞开心扉，赤诚相待：积极地对待他人的批评和建议，并且敢于真心地帮助他人成长。

【思考题】

1. 沟通不以诚相待会有什么后果？周边的沟通“以诚相待”吗？为什么？

2. 坦诚和善意的谎言矛盾吗？您如何把握？

第二节

情绪

不被情绪左右。

一所世界知名大学曾做过一个研究，发现那些成就非凡的人，绝大多数都拥有正确的情绪，他们的成功只有部分归功于专业技术。因而，**一个人对其情绪的操控水平，直接决定了其职业发展水平。**

有一位职业经理人曾经带过一个下属，这位下属工作能力很强，非常聪明，一点就透。但是部门的评优、奖金、嘉奖等她都很难拿到，为什么？因为她的情绪控制力太差了，简单总结起来，主要体现在以下三点。

首先，心灵脆弱，对指正耐受性差，只能听赞美。一旦听到上级或团队伙伴的建议或指正，就心情陡转，情绪瞬间低落。一段时间内都像被霜打了一样，无精打采，完不成日常工作任务。

其次，易发脾气，易和他人产生争吵。有时她在和同事或者领导沟通工作的过程中，稍有问题就会发脾气，然后很大声地和对方争吵，公司的同事和经理都不认同这种行为。领导告诫她要改正这一问题。她也觉得自己不妥，要调整，但一遇到事情，总还是控制不住自己，动不动就会争吵。

最后，心情不好就请假、不上班。每当受到批评或者心情不好时，就要请各种各样的假，有时干脆不辞而别，任谁也联系不上，领导一问就掉眼泪。这位同事的能力是毋庸置疑的，但是她对情绪的控制力太差，严重影响了她的职场生涯。

事实上情绪是我们的有机组成部分，希图退避是不能如愿的。我们能做的就是快速识别，让自己冷静而客观地转化、消解不良情绪。只有掌握调控情绪的方法，我们才能真正掌握人生的方向盘。

情绪控制可以帮助人，也可以改变人，情绪完全可以由自己来掌握。情绪波动是正常的，我们要避免被情绪操控。要知道，情绪对解决问题毫无益处，只会雪上加霜，口渴吃盐。不但于事无补，反而会把所有的负能量转移到他人身上。

成功者控制自己的情绪，失败者则被自己的情绪所控制。要想成为一个脱颖而出的职场新人，首先要学会的就是锻炼自己的情绪控制能力，**要将情绪作为重要的精神资源进行管理，迅速把消极情绪转化为积极正面的情绪，促进职业修养的养成。**正面的情绪有自信、热情、宽容、努力、刚毅、快乐、振奋等；负面情绪则表现为愁苦、无助、痛苦等。

积极正面的情绪能促进工作状态，解决困难，迎接挑战；而消极情绪不仅会损伤我们的身体，也会抑制职业发展。职场新人想要实现自己的职业理想，必须有效管控情绪，不能让情绪左右自己的判断。不要被委屈、抱怨包裹，这都不是心智成熟的表现。

职场人切记要戒掉消极情绪。首先是不把生活中的情绪带入职场，不带着消极情绪工作，而要让积极情绪来影响自己的工作状态，这是我们对待工作最基本的责任，也是一个职业人最基本的职业素养，只要来到公司就应该迅速进入工作状态，个人生活中的烦恼、忧愁等通通都不该带进办公室，这样我们才能心平气和地做好每一项工作。

一 / 不把消极情绪带入职场，不带着消极情绪工作

任何情绪化的举动都会引发无法消除的后果，令个人信誉遭受无法恢复的损害。而这也恰恰是很多职场新人最容易犯的错误。我们必须掌控情绪。职场新人最大的问题之一就是心态还较为青涩，易于被情绪左右，害人害己。在职场，带着脑子尽本分做好事，不把自己的情绪融入工作，这就是职业性。**职业性的标准就是控制自己的情绪，聚焦工作，不因私废公，不让自己的杂念干扰工作。**工作中遇到一些问题的时候，能够学会控制自己的个人情绪往往是走向成熟的第一步。

著名主持人马东曾坦言对新人的评价标准就是事在人先，就是要新人把个人生活排除在工作之外，不能把生活的情绪带入工作。不论面对何种感到愤怒和生气的事情，都要学会克制。**有冲突就直面冲突，有困难就正面困难，要把工作摆在个人前面。**不带情绪工作是很多企业对员工最起码的要求，这也是一个成熟职业人最该具备的素质。如果在遇到事情的时候，以个人情绪为先，那么他就还需要成长。

当然，任何一个正常人都会有该有的各种情绪。但是进入职场，就不应该用工作时间来消化自己的情绪。因为在职场没有人有义务承担别人的负面情绪。作为职业人，把自己的负面情绪隔离在公司大门之外是职业人应该具有的基本调节能力。

一个顶尖互联网公司曾开会研讨战略，领导要求季增长率达到百分之二百。一业务员表示难度大、困难多。创始人随即立刻制止他，说讨论的是如何增长，而不是为什么不能增。这位业务人员就是典型地把个人情绪放在工作前面。他们不清楚办法总比困难多，没有克服困难的勇气和智慧，而是蜷缩在消极的自我设限内，为不作为找种种站不住脚甚至经不起推究的理由。

把个人得失放在任务之前，又或是把任务放在自己得失之前是两种不同的处事方略。后者的重心在做事，把情绪放在身外，就不会被消极情绪左右。万维钢在“精英日课”中提出过一个很精彩的观点叫：超越本我。如果凡事把自己放在前头，只考虑自己，职业之路会越来越窄。把任务放在个人得失之前，就会在工作中体味乐趣，超然物外，不知不觉中所谓的消极情绪烟消云散，只有这样才能积极投身各项工作任务，才能不断进步，实现更好的自己。

很多职场人不是能力不行，也不是经验不够丰富，最主要的原因之一就是他们无法控制自己的各种情绪问题，始终以自我为中心，他们从来没有意识到：**自己所遭受的挫折和失败其实都来源于自己的消极情绪。**而对于一个即将踏入职场的准职业人来说，最常见的几种职场消极情绪包括急躁、刚愎、自傲、愤怒和嫉妒。初入职场，如果能克服这几种消极情绪带来的伤害，我们的职业之路一定会越走越顺。

（一）急躁

华为招聘了一名名牌大学毕业生，这位从中国最高学府里走出来的天之骄子，参加工作没几天，就给任正非洋洋洒洒地写了一封“万言书”，对华为的经营战略高谈阔论。对于这件事，任正非是这样认识的：他没有华为的一线经历，他的思想会坑害管理者。

一个刚入职的新人，没有管理经验，也不懂管理，从个人角度审视公司，观点很难客观。这类的“万言书”怎么不坑害管理者呢？由此可见，脚踏实地、求真务实对脱颖而出是多么的重要和必不可少。这位名牌大学毕业生没有职业定力，急躁冒进，还没学会爬就想飞，如果把这样的急躁情绪带入工作，往往会落得小事不想做，大事做不好，公司各项管理看不上眼，最终会大大影响个人的发展。而这也恰恰是职场新人常犯的通病。一方面，初入职场，急于做出一些成绩，向领导、同事证明自己；另一方面，由于初期所做的工作皆是一些基础性工作，就会逐渐觉得工作琐碎，成长慢，上升受限，于是频繁离职、跳槽，寻找更好的发展途径。这就是过于急躁。

一名大学生，踌躇满志地进入了社会，没过多久就跟自己的辅导员诉说自己总是做一些琐碎的工作。用她的话说，自己一个名牌大学毕业生，凭什么做的都是一些高中生都会做的事。

但她哪里知道，她做的工作，乍看起来无足轻重，但事实上却能让她快速熟悉企业工作程序，并且历练跨部门协调的能力，这些都会为其日后脱颖而出打好基础。令人惋惜的是她未能体味深意，觉得大材小用，由于急于求成干大事，就不认真对待小事儿，缺乏对待工作应有的耐心和恒心，草草了事。因为没有踏踏实实地去做事，缺乏对工作细节的体会和把握，容易流于形式，鲜少触及深度，难以得到职场锤炼。自然，她也就失去了初入职场的良性累积和成长的良机。

不能否认，如果能在事业上独树一帜，担当大梁，将理想变为现实，那自然是再好不过了。但倘若不能脚踏实地，总妄想一飞冲天，显然不现实。我们憧憬未来，但理想之路必须由汗水铺就，需要我们从认真做好手边的事开始。

一些初入职场的新人有些心高气傲，不重视日常工作，琐碎工作做不好，总想一步登天干个大项目；还有些新人，奢望一上班就享受高薪或者创业成就一番事业。年轻人有梦想、想要做大事、想要大显身手开创一份自己的事业，这是好事。**但是，这需要的是时间的沉淀、技能的修炼、心智的培养、智慧的积累。**没有耐心、急于求成、妄想一夜建成一座罗马城，是万万不可取的。众所周知，大凡急于求成的人多半会毁坏梦想。职业的成功建立在求真务实的基础上，需要一点一滴地积累。所以，职场新人要沉下心认真做好每件工作。心浮气躁，急于求成，会“欲速则不达”。“不积跬步无以至千里”就是这个道理。

（二）刚愎

古人修身养性讲究“满招损，谦受益”，这对现代职场人来说，同样非常重要。只有虚怀若谷，才能尽量吸收知识，容纳各种有益的意见，从而使自己充实丰富起来。有见地、有预测性的人能坚持自己的想法是件好事，如果过分自信，完全听不进去别人的意见，将自己的思想用铜墙铁壁完全围起来，那就是刚愎自用了。刚愎意味着拒绝改变，极端地相信自己而听不进去别人的意见。而初入职场，听取他人的意见和建议，这是一种职场大智慧的体现。

一家大型互联网公司招聘了一批实习生，其中有一位名牌大学的毕业生，暂且把她叫作A。无论是执行能力，还是责任心，A都远远高于其他的实习生。但是没到半年的时间，她竟然和领导吵了一架，主动提交了离职申请。

原来，当时她们公司接手了一个项目，A和领导都在该项目组里。领导平日对A悉心指导，帮助其完善工作。A也虚心学习。一次，A不眠不休赶交提案，本以为会获得赞赏。谁承想，领导觉得偏题了，把提案搁置一旁。A瞬间情绪失控竟然摔门辞职。

那时候的她以为自己非常潇洒，直到后来她进入第二家公司工作，开始独当一面时，下属整日里闹情绪，甩脸色，对她的意见一副不情愿的样子。直到那时，她回想起自己的领导，心怀愧疚。A向老领导道歉，老领导笑语道，年轻人要敢于直面别人的建议，只有这样才能察纳雅言，博采众长，增益自己所不能，假以时日，必能无往而不利，脱颖而出。

刚愎自用的人有很多独特的表现，例如思想顽固、守旧、偏执。正常人在遭到别人质疑的时候，往往会从自身出发，检查自己是否有错，有则改之无则加勉。而刚愎自用的人自尊心很强，在遭到别人质疑的时候，往往会认为别人针对自己，任何建议都会被他们当作挑衅。观念一旦形成，无闻他言，绝不回头。

在刚愎自用之人的眼中，其他人或事都无足轻重；喜欢听好话，不喜欢听不同的意见，更不喜欢听反对的话；从不怀疑自己的判断，甚至明知自己错了，依然选择无视，甚至将错就错，把错误说成正确，更甚至颠倒黑白，混淆是非……他们往往会自称个人有主见、有原则，却从来拒绝思考、拒绝疑问。而他们的原则也很简单，别人都是错的，只有自己是对的。

先秦左丘明在《左传・宣公十二年》有云："其佐先縠，刚愎不仁，未肯用命。"在职场，企业用人、选人之际，会对刚愎自用之人有所顾忌。因为职场本身是一个包容性极强的开放式平台，任何一项工作的推进都需要各个部门、不同职位的团队成员共同推进。**大家拥有不同的背景、视野和经历，肯定就会有不同的做事方法，这就要求每位员工都能接受不同的意见和建议，将自己的想法和做法进行完善。**

一个人的思维方式总是有限的，不同的人能够从不同的角度和不同的层次、高度和深度去分析问题，不仅能扩大自己的认知，做起事来也一定会事半功倍。同时，职场讲究的是合作、集体意识和团队精神，能够虚心听取别人意见是职场沟通最基本的条件。而从领导角度来看，一个能够听取别人意见的员工，会节省很多的沟通成本，从某种程度上来说，这也是为企业创造价值，是工作效率的另一种体现。

所以，初入职场，面对和自己工作经验不同、能力不同、阅历不同的领导和同事，**我们应该做的是敞开心扉，打开思路，抱着有则改之无则加勉的心态，多听取不同的意见和建议，**不固执己见，这样才能够让自己的知识面变得多元化，让自己的沟通变得更顺畅。

（三）自傲

影响职场新人进步的第三种情绪，是自傲。自傲的人往往带着一种优越感走入职场，带着学校时的光环进入工作，或者是取得一点小的成绩就骄傲自满，认为自己是最优秀的人才。有的职场新人，在学校时担任学生会干部或者是班级干部，帮助班主任或者辅导员进行班级的管理工作，有时会组织各种学校活动，在这个过程中，他们的沟通能力和组织能力得到了相应的提高。

因此，相比很多默默无闻、埋头学习的同学，他们会不自觉地认为自己高人一等。于是就会把这样的情绪顺势带入职场。殊不知，职场跟学校不同，同事跟同学也不同，带着这样的优越感步入职场，只会让人蒙蔽双眼，对同事和领导的言传身教不屑一顾，对自己所做的简单工作嗤之以鼻，形成怀才不遇的心态。持久下去，就会沉浸在过去的成绩里，不能自拔，丧失进步和成长的宝贵机会。

其次，初入职场，**不能因为一点小小的成绩而自傲，因为这会让我们固步自封，无法突破自己。**人的欲望若很轻易就能满足，那奋斗之心就会渐渐泯灭，就会放弃进步和学习。最终导致自己在职场难有新的发展，很可能一辈子待在一个岗位上动弹不得，企业不会对一个自傲、自以为是的人委以重任，因为这样的人对企业来说是一种阻止前进步伐的毒瘤。再次，自傲会让人际关系变得一团糟。总是觉得自己很了不起，无人堪比，目中无人，那周围的同事将很难与他共事，他在职场中的路会越来越窄，那将如何脱颖而出？

一个刚大学毕业不久的职场新人，不到两年的时间就换了两份工作。在校时，他曾担任过校学生会主席，从小到大他都是家人、老师标榜的好孩子、好学生。也许就是在这种荣誉中一直长大，他养成了一种自傲清高的性格。

在大学时期，他作为学生会主席，常常会引起别人的不满，但凭借出众的能力，受到老师们的喜爱。毕业后，他在一家著名的外企担任对外公关一职。公司里各种各样的人才比比皆是，原本一直处于优势的他，对于屈于人下的滋味，很是不屑。他很想表现自己。当时，公司计划与某著名企业签订一份长期合作计划，安排他与部门领导及另外一位同事一起去客户公司谈判。他很想借此机会表现一下自己，于是，很认真地进行准备。

谈判的当天，他表现得十分突出，并且很顺利地和对方签订了合同。事成之后，他们三人回到公司，受到了总经理的大力表扬。自从这项合作谈成之后，他又找回了以前的感觉，认为是由于他出色的表现，这项合作才会如此轻易地谈成。他甚至觉得部门经理能力一般，都是靠着自己的表现才得到领导的奖赏。

为了嘉奖员工，公司特意为他们三个人的成功举行欢庆宴，这期间，他表现得十分张扬，而且当领导问到他们事情的经过时，他更是滔滔不绝，把所有的功劳全都揽到自己身上，而没有注意到部门经理与另外一位同事渐变的脸色。

经过这件事情之后，再有什么重要的谈判，部门经理不交给他。但他觉得部门经理是怕自己抢了他的职位，才故意不给表现的机会。同事对他平时目空一切的态度都不敢恭维。因此，他与同事之间的关系也不融洽。他觉得自己是那么出色，却得不到重视。于是，就离开了那家企业，但是由于他的张扬和自傲，进入了不停求职、不停跳槽的恶性循环……

这位职场新人正是带着优越感步入职场，当他发现自己处于一个劣势的环境下，他就想做出成绩证明自己，来延续以往的“优秀”，所以才会自傲。结果就是失去了领导的信任和培养，切断了自己的成长之路，跟同事的关系更是一落千丈。

所以，不管我们在学校时成绩是否优异，或者是否曾在学生会担任过要职，在进入职场之后，要放下这一切的光环，把一切归零，因为荣誉只代表过去。

周围所有的同事和领导都拥有你身上所不具备的能力和经验，要把自己放在一个较低的起点，看见每个人身上的优势。只有这样，才能一步一步扎扎实实地做好各项工作，不断地进步。除此之外，职场上所取得的每一项成绩都不能成为我们自傲的资本。

首先，职场上没有一项工作是靠个人单打独斗完成的，每一项成绩都属于团队，属于集体；其次，成绩在获得的那一刻起，就已经属于过去，不要沉浸在过去的喜悦之中，而是应该向前看，争取更大的成绩；最后，取得成绩意味着更大的期待和更多的关注，这个时候如果不更加谦虚谨慎可能就会招来非议。我们应该谨言慎行，谦虚得体，让自己持续进步。

任何一个职场人，其实都没有自傲的资本，在这个千变万化的职场环境下，争取不断地进步才能跟上发展，如果我们沉浸在“过去的优秀”中，只会使自己故步自封，作茧自缚。只有放下过去，正确地认知自己才是职场的正确打开方式。

（四）愤怒

职场中，当工作目标无法实现或行动受挫无法解决时，激烈爆发的原始冲动就是愤怒。职场愤怒的本质其实是能力不足、修养不够，不利于问题解决，误事害人。职场中一旦有愤怒情绪，很容易发生冲突，这种情绪虽说来得快，去得也快，但却很容易冲动过头，造成无法弥补的损失。

电视剧《北京女子图鉴》有这样的一个场景：在北京工作的陈可，先与杭州过来的甲方客户约了晚上6点洽谈项目，不凑巧的是，男朋友接着让她晚上8点赴约。陈可心里清楚这么近的两个会面，很可能造成时间上的冲突，顾此失彼，很有可能爽约男朋友，但她却因为不愿拒绝男友而应下来。

就在那天晚上，客户由于不熟悉路况，塞车到很晚才到。陈可忍无可忍，向助理抱怨道，客户的迟到却要她来买单，耽误她的约会！说话间客户到了，陈可无法压抑空等两小时的愤怒，不但拒绝客户的道歉和解释，而且指责客户非常不礼貌，留下助理接待，自己则以与另一客户有约为借口而离去。屋漏偏逢连夜雨，在陈可含怒抽包离去的时候，竟把客户的茶杯挂翻，跌落打碎，现场气氛一瞬间冷至冰点。

客户本来就忙，平日很难约见，受到了这样的冷遇，也愤然拂袖而去，并把陈可公司打入黑名单，两年时间内不考虑业务往来。陈可尽一切努力挽回也于事无补。而陈可由于此事被罚没了季度奖金。陈可的上级告诫她，情绪不但会导致失去客户，丢掉生意，更可导致职业道德的缺失。

正如案例中的陈可，如果我们被消极情绪掌控，同样会导致素养尽失，颜面扫地，无论如何挽救，也难以弥补对公司造成的专业形象损失和客户关系的裂痕。愤怒的情绪非常可怕，它如同一座不定时爆发的火山，让人生畏。它会让人冲昏头脑，把一个正常人陡变为狂魔。不论平日里多么和蔼可亲，一旦到达愤怒的阈值，就会陷入癫狂。冲动是魔鬼，就是说人一旦被情绪左右，就丧失理智，狂乱行事，害人害己，而企业对不能控制愤怒情绪的员工更是敬而远之。

职场可能有很多让自己感到愤怒的瞬间。突如其来的一件紧急工作，同事的一次推卸责任，工作没做好的挫败感……都有可能让我们的情绪瞬间爆发。这个时候，能够控制住愤怒的人就显得尤为强大，而情绪稳定、不发怒之人更容易受到企业的青睐。

有位美国的情绪控制学者曾表示，愤怒往往不会超过 12 秒的时间。如果能守住这 12 秒的防线，就不会造成伤害。遇到极大负面情绪时，最好深深吸气，默默地从一数到十，你会惊异地发现，怒气平息了。另一位美国学者也指出，情绪在大脑中有两段回路。一条经由基本情绪铺设，信号传导迅速而强烈，出错率高；另一条则由认知系统传导，信号传导速度慢但客观理性，可靠性强。**因而，当意识到愤怒情绪上来的那一刻，不妨等上 12 秒，给自己一个喘息的机会，给自己一个冷静思考的时刻，让认知去控制大脑，找到正确处理问题的方式方法。**这样，就拥有了灵敏有效的愤怒刹车装置。

《孙子兵法》讲到，国家的君王不能逞一时之怒而发动战争，主帅也不要脑子一热就发兵出战。人非草木，人都会有情绪。作为一名职业人，我们要做的就是要控制好情绪，不要任由情绪左右，保持一颗平和的心态做人做事。

（五）嫉妒

研究报告指出，有 47% 的雇员偶尔有妒忌心，32% 的经常有妒忌心，21% 的从来没有妒忌心。而且，经常妒忌的雇员幸福感要明显低于从来不会有嫉妒心的员工。嫉妒恰恰是初入职场阻碍我们进步的另一种负面情绪。

妒忌的缘由是自己没有别人所具有的竞争优势。人看到自己处于劣势时，就会激发憎恶夹杂羡慕，自卑夹杂自负的复杂情绪。这种妒忌心理意味着害怕在竞争中落败。

从妒忌者的角度来看，最好谁都别得到，谁都不成功。倘若自己不成功，别人办成了，自己就会妒火中烧，理智尽失。妒忌的人难以与人合作，所以工作效率也不高。因而，当我们陷入妒忌的怪圈后，就无法超越自我，与“脱颖而出”渐行渐远。

同事 F 最近看自己的同事 B 怎么都不顺眼。先前两人做同事时相处融洽。谁知 B 成了业务主管，成了自己的上司。F 很不高兴，工资落后很多不说，还要把 B 当作领导来汇报工作。

假如不是B当领导，F不会这么不开心。自己是名牌大学毕业，阅历丰富，本是高薪猎聘而来，再看B，不论毕业学校，还是专业、入行的资历方面都没法与自己相比，现在居然坐到比他还高的位子，真是妒忌难耐。

F的父亲原是国企的老干部。那天晚饭后把F叫到书房问他怎么三天两头请假不去工作？父亲的话语打开了F宣泄的闸门，F一股脑把自己的不满宣泄而出。待儿子发泄完，父亲语重心长地说："记得当初你初到公司，因为待遇超高，众人也是妒忌，你咬牙坚持挺过了难关做出了成绩。怎么现在自己反倒也妒忌了？你为什么不想想自己哪些方面不如人家B呢？如果你怨天尤人，到哪儿也过不了这道槛儿。"

父亲说完这番话，关上门出去了。F一人在屋子里坐了很久。第二天，F精神抖擞地出门上班。工作中，F牢记教训，见贤思齐，悉心向强者学习，通过自己的努力填补与先进的差距。每当发现别人强于自己，心有不快时，总是提醒自己不要重蹈妒贤嫉能的覆辙，而是认真分析不足的根源，把强者当良师，然后对症下药，砥砺前行。

后来F在不到两年的时间里成为了另一个部门的经理。他经常对下属说的一句话是："别让嫉恨毁了自己的职业生涯。"

《身份的焦虑》这本书中提到，乞丐从来不会嫉妒比尔·盖茨，他只会嫉妒另一个比他有钱的乞丐。在两个人身份、地位、年龄、经历都差不多的情况下，成功的一方容易招致另一方的嫉妒。如果员工的职位、技能相差无几，一旦其中的一位获得晋升和重用，其他员工多会嫉妒；若员工间有利益冲突，那妒忌就更易产生。

谁都知道资源是有限的，被人得到了，自己的机会自然渺茫了。初入职场，我们不会嫉妒自己的上司，不会嫉妒比自己经验丰富的人，只会去嫉妒和自己年龄、职务、能力、水平相近的人。同样的，如果我们比别人优秀，也会招致别人的嫉妒，并且让自己沉浸在优越感当中，不思进取，不主动学习，失去进步的机会。嫉妒，会让人面目全非，最终害人害己。

嫉妒的背后所隐藏着的，是巨大的、令人无助的、自觉无望改变的自卑。妒忌者因无法改变别人强于自己的现状，一方面对自己的无能深深失望，另一方面又对强者心怀怨怼，这种负面情绪会渐渐演化成一种心理焦虑。焦虑令人不安，难以释怀，以至发展为恨不能动用一切方法消灭对方才能恢复自身心理平衡的病态心理。

妒忌令人丧失理智，让人无法直面自己的不足，而是借用消灭美好来掩盖自己不足的心灵扭曲。而究其原因，它来自一种不公平心理，理想和现实一旦差距加大，多会造成内心的比较，觉得失衡，就会厌恶他人，导致关系紧张。嫉妒是不可避免的，这是人类的一个弱点，我们对此不必大惊小怪，战胜妒忌的关键是持有正确的态度，即直面它。当把妒忌转化成羡慕，用谦虚的学习态度看待、接纳他人，我们就会获得非凡的成长动力，这样负面的情绪就会渐渐弥散，代之以愉快和憧憬。

工作中，察觉到自己的妒忌时，要及时转化成向他人学习的动力，只要功夫深，早晚也会同样优秀。妒忌只能顾影自怜伤害自己，只有彻底摆脱它，心灵上才会多一些自由，职场才会多一些豁达，自己才会多一些动力，从而早日脱颖而出。

以上这五种情绪是职场新人常见的消极情绪。每个人都不可避免在职场中出现各种消极情绪，这个时候，让积极情绪引导我们的行为，摆脱消极情绪就显得尤为重要。而对于职场新人来说，以下两种工作心态则有助于消解消极情绪，如果在工作当中，能够做到这两点，我们会发现，消极情绪出现的次数会越来越少，职业之路也会越走越顺，越走越宽阔。这两种心态分别为：对事不对人，以及不用自己的价值观去衡量别人。

二 / 对事不对人

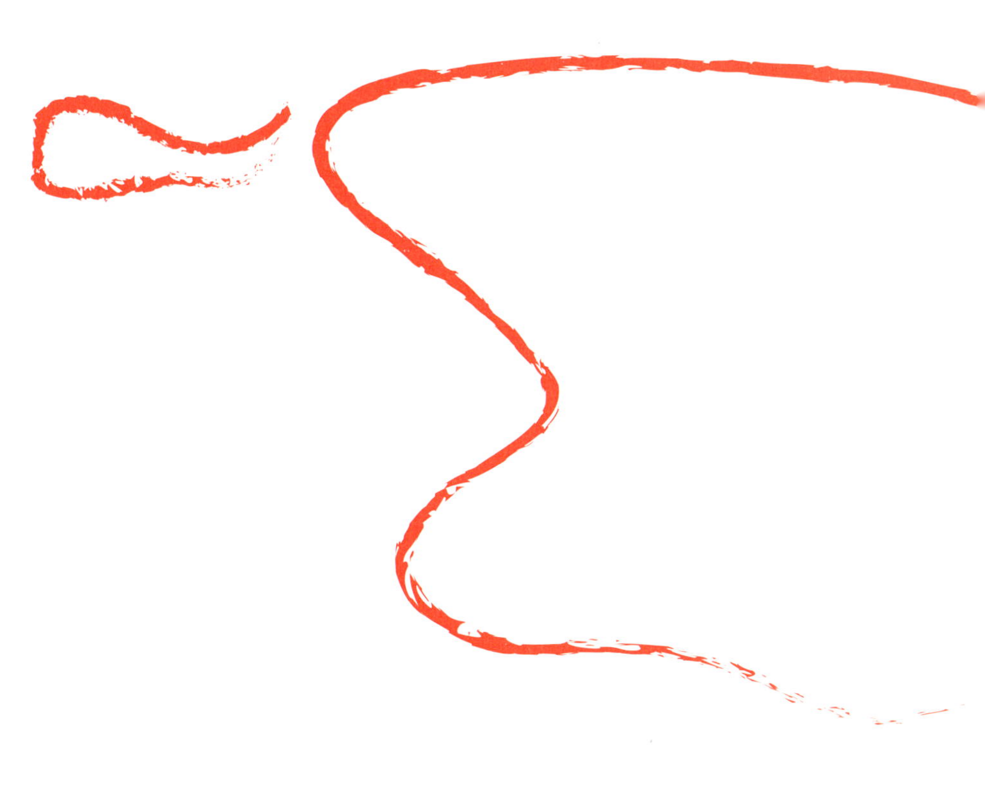

管理大师德鲁克说过，多元社会不是解决谁对谁错的问题，而是如何解决冲突的问题。如果把事情作为解决问题的焦点，就是对事不对人，反之就是对人不对事。对人不对事关注的是人，较难做到不掺杂个人情感。**职场上要强化对事的关注，做到客观、公正、理性、全面。“对事不对人”侧重点在于处理事情，而“对人不对事”侧重点在于处理人际关系。**

在职场，我们工作的主要目的是处理事情，尺度一定要把握好。例如，上述五种消极情绪中，急躁、愤怒和嫉妒都是由于对“对事不对人”把握不够准确所造成的消极情绪。如果我们在沟通的时候，能够站在事情的立场上，不针对某个人。那么，职场环境将会简单明了很多。

2018 年 7 月，网上疯传产品经理和程序员抱摔扭打的火爆视频。这是产品经理与程序员沟通不畅造成的一场闹剧。

产品经理要求程序员实现 App 与手机外壳颜色同步转换的功能，并说项目已获批准，要立即实现。

程序员：“可以，用户手机壳颜色的数据我怎么获取呢？”

产品经理：“你不能让手机自动识别手机壳的色彩吗？”

程序员：“咋识别？你教我？”

产品经理：“那是你的事儿，我要实现此功能，现在就要！”

程序员：“我实现不了。”

产品经理：“我还没描述完，你就说做不了？”

程序员：“现在的技术不支持你描述的功能。”

产品经理：“你是搞技术的，识别不了，开发让它识别。”

程序员："App是代码不是动物，咋能辨别颜色呀？"

产品经理："那是你的事儿，我就要这个。"

程序员："你来吧，我搞不成。"

产品经理："那我找你总监，这么不配合我工作！"

接着程序员气不打一处来，肾上腺素急速升高，由于按捺不住内心的狂暴，这才发生了火爆的一幕。

这个事件影响很大，吸引了全国网民的注意。公司最后表示，两人行为严重违反公司制度，对职场秩序造成恶劣影响，根据相关规定，对两名当事人予以除名处分，也希望全体员工引以为戒。按理说，这样的处分已经足够让人清醒了。但愤怒的情绪已经冲昏了两人的头脑，导致双方在办理离职的时候，互相依然看不顺眼，再次扭打在了一起……

其实，两个人在沟通的过程中之所以产生情绪，跟这件事情本身到底能不能做成关系并不是很大，两个人最大的问题在于没有秉承着解决问题的目的，而是迁怒于对方本人。产品经理认为，是程序员这个"人"不配合自己的工作，跟事情本身没关系；而程序员则认为，是产品经理这个"人"故意刁难自己，不是事情本身能不能做得成。两个人在沟通过程中，采用的均是"对人不对事"的原则，他们都在拼命维护各自的立场。

有位日本著名管理大师曾经说过："如果真做到了对事不对人，就不会太在意自己。"因为做事的人真正关心的是事情的本貌，只会对事实感兴趣，当然会坦然面对事实。当然，如果无法面对真实，自然无法看清事情的本貌，也就丧失了解决问题的前提。**对事不对人就是基于实事求是的求真务实，讨论的焦点就是事实本身而已。一旦紧盯着人，就会把注意力放在人身上，很容易引**

起误解。所以，我们一定要端正态度，对事不对人，这是从解决问题的角度着眼的。

因为工作中的大多数问题是由具体事件所产生的，我们需要秉承着“事在人先”这一原则去解决问题。假如我们做到了对事不对人，就会多一分反省，少一分指责，多一丝理智，少一点自负。多发现别人的优点，不但有助问题解决，还能不断构建团结协作、互利互信的双赢到多赢的职场局面。

秉承着“对事不对人”的原则和目的去沟通问题，解决问题，是摆脱消极职场情绪的第一法则。如果对在职场中所遇到的每一个问题，我们都能够把关注点放在“事情”本身，而不去思考自己喜欢谁、讨厌谁，那么，事情会得到很好的解决，自己与人交往起来也会顺畅得多。

三 / 不用自己的标准要求他人，用积极心态看待他人

价值观是人们衡量世界的基础，人与人之间的差异往往是价值观的差异。价值观差异太大，人与人之间相处起来就会相对困难。而当价值观接近时，人和人之间的相处简单了，事情也更容易解决了。然而，什么样的价值观才是正确的价值观，很难拿出一个标准答案。**价值观反映了不同人对世界的认知差异，更是世界在不同个体间的投射，谁都不能泾渭分明地说什么价值观是对的或错的，**这是因为它与时代、环境和立场有关，是个动态的基准。

价值观是很主观的东西，以自己主观的标准要求别人，看待事情就会不客观，就会有失偏颇。因此，无论从事何种行业，或者充当何种身份，只要是不伤害他人价值观的行为都应该给予尊重。反而，总想以自己的价值观来要求别人看待事情的思想非常可怕，也最容易产生矛盾。

在这个世界上，有太多的烦恼都是因为我们喜欢用自己的价值观和标准去衡量别人所造成的。一旦别人跟我们的价值观不一致，或者不符合我们做人做事的标准时，我们便会用自己的价值观和标准评判别人。于是各种各样的消极情绪就会产生，例如说前面多次提到的刚愎自用、自傲和嫉妒，无一不是太过以自我为中心，太过看重自己的价值观所产生的情绪。事实上，每个人因为受到不同成长环境和受教育程度等的影响，都会产生一套自己特定的价值观和标准。价值观本身没有对错之分，标准也没有好坏之分，有的只是大家的立场不一样。**在职场，我们可以不同意对方的观点和意见，但是一定要尝试去理解甚至去支持对方。**伏尔泰说：“我不同意你说的话，但是我愿意誓死捍卫你说话的权利。”

李开复在漫长的职业之路上，也曾经遇到过一位不同意他的做法，但是却愿意全身心支持他的老师，从而夯实了李开复的信心。

当李开复还是一个学生时，他的导师罗杰·瑞迪用身体力行的办法，给了李开复终生难忘的教诲。其中，最令他难忘的，莫过于瑞迪老师没有用自己的价值观和标准来衡量李开复的想法和行为，并且给了他莫大的鼓励和支持。

当时，李开复刚投入瑞迪门下，就迅速上马一个特大科研攻关项目，建立一支由15人组成的科研团队，通过专家系统解决非特定的语音判别问题。其时，李开复根据自己的经验向瑞迪表示对专家系统没有信心，应用统计系统取而代之。然而，这种方法在当时不被看好，和导师的意见也相去甚远。尽管导师不认为统计法能解决问题，但还是表示虽然自己不同意，但依然会全力支持李开复的创意。

这种导师支持学生持不同观点的开放态度，令李开复很是惊喜。此后，李开复就放开手脚大干起来。在后面的研发过程中，瑞迪老师不仅找来了国防部为李开复提供大型语料库，更是帮李开复买到了最新、运行速度最快的计算机。期间，李开复夜以继日，书写了超过十万行的代码。终于，在1987年年底看到了希望的曙光，研究的语音识别系统识别率从40%提高到80%，最后又提升到了96%。

李开复的成果引起了轰动，罗杰·瑞迪兴奋地说："你该去国际会议上发表论文。"后来，罗杰·瑞迪在回忆这一事件时，说道："在研究领域中，没有老师和学生的界限，他们是合作者的关系。也没有什么事一定是对的或者是错的，没有人保证按照自己的想法走就一定会取得成功。"有志于从事管理科学研究的职业人要足够机动灵活，多尝试各种可能，同时要足够包容，胸怀宽阔，容纳各种不同的想法。李开复的案例就是很好的证明。

罗杰·瑞迪的度量无疑是豁达的，他的宽容被事实证明是积极、明智且值得尊敬的。不用自己的价值观衡量别人的想法和做法，正是导师的这个态度，影响了李开复的一生，才有了今天的李开复。同样的，在职场中，我们也应该以积极的心态去看待别人。当别人跟自己产生了不一样的观点和意见的时候，先不要急着去否定别人。要知道，每个人的价值观不同，没有必要把自己的要求和想法强加给对方。而是要通过沟通，清楚对方这样想或者这样做的目的是什么，从而给对方提供鼓励与支持。

心理学研究表明，能够不用自己的价值观衡量别人的人在工作成绩和社会地位等方面均超过没有这样做的人，因为他们更多地接受了正面信息，而不是片面信息。在职场，最重要的就是合作，每一项工作任务都需要和同事、领导相互配合完成，而每个人都有不同的看待问题的角度，都有不同的做事风格，也都有不同的待人接物的方式、方法，没有谁对谁错，如果看到别人和自己不一样的地方，看到别人不按照自己的意愿行事就心生不快，这样的人在职场定不会走得太长远。而如果我们敞开心扉，以一种包容的心态看待别人和自己不同的地方，接受别人的不同观点和意见，反而能够让我们吸取更多的知识养分，扩大自己的视野，增大自己的格局，让自己在职场更快地成长。

职场正是因为每个员工不同的经历所造成的不同价值观而丰富多彩，从而点缀了我们的职业生涯。所以，我们更应该以积极的心态对待他人，丰富自己。当我们能够秉承着对事不对人的原则开展自己的各项工作，并且不以自己的标准和价值观衡量他人，我们的心胸就会更开阔，更多积极的情绪将会充斥在我们的职业之路，更多消极的情绪也会烟消云散。真正优秀的人，总能合理控制自己的情绪，把注意力放在目标本身，盯紧任务，把枝节放在一旁。只有控制好自己的情绪，才能成就更好的自己！别让消极情绪影响自己前进的脚步。

美国的心理学家指出，我们生活的一小部分是由亲身经历的事情组成的，余下的大部分却是由我们对这些事情的反映构成。因而，拿破仑说，能控制好自己情绪的人，比能拿下一座城池的将军更伟大。能调控情绪的职业人，才能控制自己的职业生涯。学会控制好自己的情绪，这是职业人的一个最重要的标志，稳定的情绪是做好一切事情的基础。

在工作中，我们不可能事事顺意，都会遇到困难，我们会因此感到紧张、焦虑、急躁，也会因为跟同事沟通不畅而情绪欠佳。**而这些情绪决非让我们苦痛、纠结、尴尬和难堪，而是让我们不断提高解决问题的能力。**如果陷在消极情绪里，那么所关注的任何地方都是负面的，会对工作的理解产生偏差。职场里那些美好积极的、能够让人成长的东西，会很容易被视而不见，这样只会消磨自己。

情绪良好可谓顶级的人格光环。我们拼修养、拼才智，说到本质，拼的还是情绪的稳定。我们必须能够操控自己的情绪，不被情绪左右。只有如此，职场前进的脚步才会永不停歇。初入职场，学会控制自己的不良情绪，是职场人的必修课，在这个基础之上才会进步，才会成长，才有机会站在金字塔的塔尖。

【本节要义】

1. 一个人对其情绪的操控水平，直接决定了其职业发展水平。

2. 职场新人易出现的五大情绪：急躁、刚愎、自傲、愤怒、嫉妒。

3. 消解负面情绪的两个法则。

（1）对事不对人：把问题的焦点集中在事实本身，而不是对他人的评价上。

（2）不用自己的价值观衡量别人：价值观本身没有对错之分，标准原则也没有好坏之分。可以不同意对方的观点和意见，但要试着理解对方。

【思考题】

1. 为什么会有情绪？

2. 情绪可否避免？该如何避免？

3. 职场情绪是三观的表现形式还是自然生理反应？为什么？

第三节
言事

事半功倍的沟通规则。

最近哈佛大学组织了一次广泛的社会调查。据调查结果显示，在 500 名被解职员工的调查样本中，有 82% 是因为沟通技能欠佳造成的。可见，对职业人而言，沟通能力至关重要。

沟通是指人与人之间信息、思想的交流过程。**而我们所指的“言事”是指工作沟通，是为了完成既定的工作任务，通过听、说、读、写的方式把信息有效地传递给对方，促使对方理解、接受，适时采取行动，从而达到积极双向的互动过程。**无论是向上级汇报工作，还是与同事探讨方案的可行性，或者是与客户一起寻求合作之道……我们都不可避免地与不同群体进行相互沟通。

大多数职场人花费 50%～75% 的工作时间进行沟通，我们需要依靠沟通去协调、配合以及执行。可以说，沟通本身就是最重要的工作能力之一。洛克菲勒曾经表示，如果沟通能力是一种标注价格的商品，那么他愿意付出世界上最贵的价格来购买它。由此可见，沟通能力是职业人相互交流、相互协作的必备基本能力。

在职场，我们需要通过与不同类型、不同职位的人进行沟通。通过与领导沟通从而扩大自己的视野，学到更多的知识，看到更多不一样的东西；同事之间传递信息借以沟通思想，同步工作信息，理解协同工作要点，明确各自执行的配合要求，确保任务完成；与客户沟通是为了达成共识，取得双赢的结果。有效的沟通不仅提升工作效率，更能快速地解决工作中的困难，获得良好的人际关系，让我们在职场游刃有余地执行工作。

而对于企业来说，每个人都是系统中的一个环节。各个环节只有与相邻构件配合好，整个系统才能正常运转。由此，只有把相互间的协作捋顺，沟通顺畅默契，团队才能发挥出最大的工作效能。好的沟通不仅可以完成工作任务，还能成就个人。

麦肯锡给企业界贡献了一个有效率的工作方法：“30 秒电梯理论”。假如在电梯里遇到了客户的首席执行官，而电梯从三十楼到一楼只需要 30 秒，当执行官问你：“小李，你给我们做的咨询方案有没有结果了？”你能不能在 30 秒之内告诉他结果，一二三……或者是马上抓住重点？

相信很多职场人听到这个理论都会汗颜，仅用30秒的时间，把一个如此重要的问题沟通清楚，从而获得客户的信赖，这将是多么困难的一件事情？这需要多么强的沟通能力？而这从一个侧面也说明，作为一个职场人，首先就要学会在有限的工作时间内，把事情沟通清楚，从而获得机会。而麦肯锡之所以提出这个理论，是因为受过一次很大的教训。

众所周知，麦肯锡是享誉世界的咨询智库。在一次咨询项目的收尾阶段，咨询师在电梯遇见客户的董事长。董事长关切地询问项目的进展情况。咨询师措手不及，语无伦次，让客户大跌眼镜。从那以后，麦肯锡在内部达成了一条不成文的规定：每名咨询师必须具备在极短时间内迅速概括要点、清晰表达的能力。一般来说，概括的要点要控制在三条以内，力争在30秒内讲解总结完毕。这就是蜚声业界的“30秒理论”或“电梯演讲”。

沟通是一种技能，是一个人对自身知识、表达能力、行为能力的发挥。通常我们工作效率不理想，往往不是因为能力欠佳，而是沟通上出现了问题。普林斯顿大学曾进行过一项调研，通过对一万多名职业人的追踪分析，发现职场成功与否主要取决于是否拥有强有力的沟通能力，而非我们耳熟能详的技能、经验或智商。这是因为我们进入职场后，与周遭的关系结构发生了巨大的变化，生活中的重心从学习转换为了执行工作，这都需要我们调整自己的沟通方式，提升自己的沟通能力，为自己的职场生涯锦上添花。

身在职场，我们的主要沟通对象包括上司、同事、客户等，而现代职场的沟通方式也更加多样化，主要有：书面沟通，包括文件、报告、信件、书面合同，以及我们经常用到的邮件、微信、短信等；口语沟通，包括面对面沟通、打电话、开会、讲座、演讲、培训和讨论会等。这些都属于职场沟通的范畴。面对不同的沟通对象，面对不同的沟通方式，我们都有必要进一步学习提升。接下来就沟通目的、沟通氛围、沟通本质等问题去了解职场沟通。

着在职场的八小时工作时间之内，**我们与同事、领导及客户的每一次沟通都必须是有意义的，都是有一个目的的，而不是东拉西扯，说些无关紧要的话题。**

这些沟通要么是为了陈述真实情况：事情是怎么做的，都有谁参与了，哪里出现了合作上的困惑等，从而引起对方的思考，给出相应的见解；要么就是为了建立关系，沟通的很大一部分原因就在于我们需要跟客户或者是同事建立一种合作关系，将来会更加容易互动。职场中的任何一次沟通，无论是以什么形式，无论沟通对象是谁，其目的永远逃不开达成共识和解决问题。对于每一个职场人来说，解决问题将伴随整个职业生涯，须臾无缺。无论是CEO，还是一线员工，整个职业生命都是在不停地解决问题。

日本经营之神松下幸之助指出，只有那些能够解决问题的人，才能不停地进步、晋升。的确，工作不是做一天和尚撞一天钟，不是无激情地周而复始，而是动用我们的热情和智慧，化天堑为通途，解决问题创造价值，去和各种各样的职场人达成共识，唯有如此才能团结更多的力量，克服艰难险阻，解决那些妨碍我们实现目标的问题。而这，恰恰也是沟通的目的所在。

W在北京的晓星办事处负责原产韩国的钢铁销售工作。一次在与广东美的集团洽谈时，遭遇了三星公司的竞争。赶巧的是，两家韩国公司都是韩国钢铁的代理商。香港三星距离美的很近，乘船仅需半小时。W从北京到美的则需大半天。W是北方人，不懂粤语，与客户沟通不畅，因此，这场遭遇战，晓星处于劣势。

虽然业务接洽很是艰难，但W心劲儿很足，坚信心诚则灵，只要抓住美的的诉求，不怕达不成交易。功夫不负有心人，美的拒绝的态度有所松动，但内心深处还是不放心晓星办事处的供货数量。因为美的需要千吨级的钢，尽管晓星志在必得，可实际供货能力不到一半，短时间肯定不能满足客户需求，客户觉得还是在当地解决最好。

在这样的情况下，晓星公司准备放弃这次合作。但是W以为客户对晓星没有足够的了解，信心不足，才不采购。于是要求到宾馆进一步磋商。在沟通过程中，他竭尽所能向客户推介晓星，亮明晓星的背景和供货能力，同时善加聆听。两个多小时后，客户被晓星的诚意所征服，打消了疑虑。终于，W赢得了客户青睐，双方达成共识：1000吨钢材分三批次发货，在三个月内运送到广州。双方皆大欢喜。

可以试想一下，面对一个各方面都占尽优势的竞争对手，客户为什么还要选择一个各方面条件看起来都略差一筹的晓星公司呢？其实关键就在于沟通。没错，对手确实很强大，但是如果因为强大而自信，认为自己占尽一切先机，可能就会疏于沟通；相反，W却风尘仆仆带着诚意南下广州进行沟通。沟通中，既展现了自己的实力，又给予了客户尊重。其实，很多问题只要沟通都能够解决；很多矛盾只要沟通都能达成共识。

在职场上，每天都会产生各种各样的问题，产生的原因五花八门，**但归根结底是由于不同的人对事情的不同认识而产生的，而我们工作的本质就是要通过沟通去达成共识，去解决问题，去完成工作任务。**现实中，发现问题仅是解决了问题的10%，剩下的90%要靠大家齐心协力达成共识来完成。任何一项工作都需要大家协同行动。人与人的背景、经历和能力结构的差异造成意见不一，这很常见。因为无论是三观，还是性格，以及看待问题的角度，每个职场人之间都不尽相同，所以职场中产生分歧是非常常见的现象。而职场合作中最重要的一点就在于要让不同的人达成共识，推动工作的进展，因此沟通成了唯一的手段。

我们需要的是通过沟通来达成共识，找到让双方满意，并且能接受的观点，让分歧降到最低，问题得到彻底解决。要完成工作任务，需要团队齐心协力，目标一致，这样才能把事情做好。

二 / 沟通的步骤

（一）建立氛围

良好的沟通需要稳定的情绪、积极的心态和恰当的技巧，这构成了沟通的全部要件。要件齐备还不能保证沟通圆满，圆满沟通的前提是相互尊重。**尊重要求我们不能漠视对方的立场和个性，要实事求是地向对方提供能够表达自己全部意愿的机会和权利。**因此尊重无评价、引诱和胁迫之意。尊重代表的是尊重他人的人格，尊重他人的感受，尊重他人的意见。尊重意味着以礼待人，尊重应以真诚为基础。人际交往中，尊重对方是建立良好关系的首要条件。我们在职场沟通中必须互相尊重，尊重是一种礼貌，更是沟通之间的桥梁。职场中，相互的尊重是社会运行的基本人文文明环境。

曾有位强生公司的业务员讲述过一段自己的销售经历。当时，他负责一家药店的销售工作。虽然业务员几次上门推介，但店主都不为所动，不愿尝试强生的产品。后来，业务员决定尝试最后一次，试图说服店主进货。令人惊奇的是，这一次店主竟然改变主意，定了一份大单。

业务员向其询问原因。原来业务员每次来店里，都会先和这里店员打招呼。店员觉得业务员这么有礼貌，他的产品也一定不会差到哪里去。于是店员向店主建议购买这位业务员的产品。

这位推销员说：“从那以后，我铭记要尊重每一个人。”

沟通中，尊重对方会让人如沐春风，在精神和会谈中得到愉悦，也将构建和谐协作关系，体味职场的美好和温暖。**沟通是建立在相互尊重的基础上的。这一过程囊括从收集信息、给出反馈到最终取得积极进展。**懂得尊重他人的沟通者必定会得到积极的反馈。因而，想要达成高度有效的沟通，就要时刻铭记尊重对方。只有这样才会事半功倍。

在沟通中，最常见的问题是很多人不懂得尊重他人。这类人自高自大，职场上形单影只。因而，不尊重他人肯定会限制自己的沟通能力。不懂得尊重他人，是不可能“脱颖而出”获得成功的。对于初入职场的新人来说，更应该在沟通中尊重领导、同事和客户，以获得更好的职场人际关系，解决自己在工作中遇到的各种问题。当然，**在沟通中要想表达出自己的尊重，绝不仅仅是依靠语言就可以实现。沟通中的肢体语言、眼神交流，以及面部表情同样可以传达出尊重。**所以，在沟通的过程中，我们要注重自己的一言一行，要让自己的身姿、目光和表情传达出对对方的尊重。

1. 身姿

美国学者研究表明，沟通中的全部信息通过以下几个方面表达出来：语调、声音、肢体语言，其中语调占了信息量的 7%，声音则多达 38%，肢体语言的信息占了余下的 55%。尽管谈话是沟通的主要方式，但我们一定要知道肢体语言同时会传递出相当大的信息量。

如果我们职业性不够，表达出的信息有可能是负面的。我们需要关注自己的某些肢体言语。例如，无精打采，这表示你累了，对沟通没有足够重视，没有沟通欲望，想尽快结束谈话。挺直肩膀坐直或站立，能最大程度展现个人的能量。我们都知道，身姿积极开放时，交流双方会更愿意沟通。假如我们有远离对方的倾向，就是在暗示对方，对他 / 她反应不积极，不愿意继续沟通。

那该如何改善沟通效果呢？**我们最好身体向对方倾斜，用心倾听对方的言语。**我们的心意，对方是能体味到的。但要注意社交距离，不要贴得太近，会给人压迫感。同时切记，不要双手抱臂，两腿也不要相互交叉。这样的身姿，会让人觉得不被接纳。另外，表情要温和适中，动作不要过大、过多。神情也要放松，专注于交流，不要心猿意马。

2. 目光

沟通中我们和对方的目光交流同样至关重要。我们的很多情绪、想法，可能并不会通过语言表达出来，但是我们的目光不会骗人。坚定、柔和、自信的目光会传递出话语的温度，传达我们的尊重。**目光首先要稳，蕴含温度，避免审视别人的一举一动。和对方交流要心怀善意，这样面容就有自然的微笑。**众所周知，热情是富有感染力的，这种互动会令交流融洽和顺。目光交流同样重要，既显得自信，又让对方感受到关注，是展现亲和力的重要方式。要避免长时间紧紧盯着对方，目光要放缓，平等而积极地交流，不要让人产生误解，认为你粗陋。

3. 面部表情

除了肢体语言和眼神交流，面部表情在沟通中也扮演着重要的角色。它同样可以表达出我们当时的情绪和心态。如果我们口是心非，对方是能感觉到的。如果我们眉头紧锁或心怀忧愁，对方也同样会感觉到。这些都会增加交流的不和谐因素，令交流难以达成预期目的。**如果我们面带微笑，对方会很开心，我们的开放态度会让对方感受到我们的善意和温暖，有利于建立互信，**这是古今中外无数交流中总结出的良训。

（二）沟通中

沟通过程中，除了组织好语言，同样要控制好自己的肢体语言、眼神交流和面部表情，传达自己的尊重和理解，营造一个良好的沟通氛围。这是良好沟通的前提条件，只有达到了这个前提条件，沟通才能有条不紊地展开，从而达成共识，解决问题。而在沟通过程当中，我们还需要注意倾听，使用正确的手势，注意语气和态度，给予对方及时和真挚的反馈。

1. 倾听

经营之神松下幸之助是个很谦和的人。松下先生曾说，耐心倾听并态度谦卑会令人无法拒绝，并把它作为处事准则。有幸与之有过一面之缘的人都说，与松下幸之助会面“令人难忘”，因为他“没有一点架子，更没有一丝傲慢，他不但悉心倾听，还亲切回应”。

我们进入职场要善于沟通，并不断修炼这项技艺，直至达到艺术的境界。因为这是“脱颖而出”的捷径。要知道，倾听就是最起码的尊重，是职业人最基本的素养，对于赢得互信、构建共赢必不可少。

杰西是一家公司的推销员。有一次，他拜访一位全职太太，准备为她推销一款纯植物制品。无奈，全职太太不愿购买。

杰西正要告辞，瞥见了阳台上的花卉，竟脱口而出：“多美的花卉呀！平素里见不到的。”

“的确少见，”全职太太优雅地说，“我请朋友远道送来的，是兰花呢。”

“怪不得，该不会很昂贵吧？”杰西问。

“的确贵。你别看这盆花不大，可是它值几千块钱呢！”家庭主妇骄傲地说。

“什么？这么昂贵呀！”杰西目瞪口呆。上千元的花卉都舍得，纯植物制品才十几块钱，销售机会还是有的。

杰西欣赏着花卉，缓缓地说道：“这么漂亮的花，要每天浇水吗？”

“要天天浇水，大意不得。”全职太太满怀笑意地说。

“那可真成了家庭成员了。”杰西笑着回应着。

“是的，是的，它现在就是我们家中的一员。”主妇说。

这位主妇觉得开心极了，连她的丈夫都不知道她这么喜欢这盆花，杰西第一次见她就看出来了，杰西真是她的知心人。

主妇热情地请杰西落座，打开了话匣子，诉说她是如何培育兰花的。杰西不知不觉听得入了神。谈话很融洽，双方都忘却了时间的流动。杰西尝试着问："喜欢兰花的都很典雅。您擅长养殖植物，一定知道绿色植物的好处。我们的产品就是纯天然的食品，太太，您是否愿意试试呢？"没想到，这位全职太太最终竟豪爽地购买了杰西的产品并邀请他方便的时候再来做客。

虽然这一结果出人意料，但并非在情理之外。实际上，只要善于倾听，就能获得别人的好感，要办的事情也一定会成功。如果能适时地做一个倾听者，那么一定会获得更多的益处。

中华口才网的专家表示，倾听需要专心。在沟通中，某些因素会使职场新人注意力较难集中，例如交流的空间非常冷或者非常热，或是座椅有拱起的钉头儿，再或是交流的对方有突兀的言辞和举动等，这些都会给交流带来干扰。所以我们首先要做到专注，没有专注，就无法做到倾听。

在谈话中，唯有做到专心倾听，才能领会对方语义，切忌只顾着想自己的事情。**我们必须要克制自己，避免精神涣散，思路紧紧跟着对方的话语，不能跑神，如果没有很强的专注力是做不到的。**

尤其要克制想要打断对方的冲动。谈话中插话、打断别人发言，甚至是抢话，不但不礼貌，而且会令谈话渐入不快。有了感触就马上发表议论都是非常不职业、不礼貌、不文明的行为。脱口而出的话语会令对方不得不戛然而止，这种强行夺取话语权彰显出的"攻击性"，容易造成交流中的尴尬局面。

细究一下，交流中爱打断对方，其实是"爱表现"的心理在作祟。因害怕别人"低估"自己，就迫不及待地"抛"出自己的"高见"。这种强行占领谈话“制空权”和“制高点”的做法，多是想通过表现自己的聪明、见识和能耐来获得内心久旱饥渴的关注，这等急躁折射出青涩浅薄，与成熟稳重的职场话风相去甚远。

职场上，最失败的倾听者犯得最多的错误就是打断别人，人们都有自我表现意识和自我保护的本能，一定要控制好情绪，不能打断别人，自说自话。倾听是一种尊重，一种礼节。

H 毕业已经有一段时间，但是还没有找到心仪的工作，眼看着别的同学都陆续入职了心仪的公司。H 心里着急又羡慕，却一直没想清楚，自己面试了那么多家公司，怎么就没有一家给自己递来橄榄枝呢，问题究竟出在哪里呢？H 是百思不得其解。

很快，H 投递出去的简历又有了回应，这是 H 期待已久的企业，收到面试邀约，H 兴奋不已，决定好好表现。于是她上网了解这家公司的背景，以及面试岗位的具体工作职责，还模拟了几次面试场景，细心地把面试官可能会问到的问题以及如何回答都在脑子中过了几遍。

面试当天，H 穿上精心准备的职业套装，信心满满地出发了。面试伊始，面试官请 H 做一个简单的自我介绍，H 面带笑容，十分简短地介绍了自己，面试官频频点头。

接下来的面试中，面试官又问了 H 几个关于个人兴趣爱好，优点、缺点，对公司、岗位的了解等相关问题，H 因为前期准备工作充分，回答得都非常精彩，面试官也表示 H 各方面都符合公司的发展和岗位的要求。

最后，面试官说道:“你各方面我们都很满意。请您先回去等通知，我会……”此时的 H 欣喜若狂，想也没想，还没等面试官说完，她就连忙问道:“那您大概几天后会给我通知呢？”面试官愣了一下，控制住表情后说道:“大概三天。在此之前，您还有什么问题要问我吗？”

H想到了网上的一些套路，于是请面试官再详细地介绍下公司的产品和发展前景，面试官开始娓娓道来，谁知道有些情况跟H在网上了解的并不完全一样，每到这个时候，H就会急于表达自己的观点，例如说，当听到面试官介绍公司情况时，H为了显示自己已经知晓，会说道：“这个我知道，我去网上专门查过了。”再例如说听到面试官说公司准备上市，她又会插嘴道：“咱们准备在哪里上市呢？员工会不会拿到股份？”

对于H的打断，面试官开始面露不悦，但为了保持职业性还是微笑着又回答H几个问题，但是每次在面试官介绍情况的时候，总会被H打断。

三天的时间很快过去了，但是H却始终没有接到复试通知，她百思不得其解，于是鼓起勇气给面试官打了个电话，面试官说是岗位匹配度的问题，但最后还是顿了顿说道：“其实你在面试中最大的问题是不断打断对方的说话。我可以接受，但是在日常工作中，你的领导、你的同事、你的客户能接受么？面试中，一定要学会先倾听，再发表意见。”H想到在原来的几场面试中，面试官说话的时候她总是插话，不由地愣住了，她终于找到了自己面试不成功的原因。

H在面试前做了很多准备工作，她的问题在于别人说话时，不断打断对方以彰显自己已经提前了解过。在职场中，这是一种小聪明的体现，经常在别人说话的时候插嘴，会让对方觉得你不重视他人的观点，时间长了就会影响职场人际关系。所以在沟通的过程中，我们要边听边想，思考别人说话的意思，记住别人说的要点，等到别人说完，再发表自己的观点。

除此之外，沟通中我们更不能来回更换话题，要紧跟思路。来回更换话题也是对对方不尊重或者轻视对方观点的一种表现，一定要听对方把话说完，再发表你对这个话题的看法。

当我们专注倾听时，自己的注意力会紧随着对方的话语“闪转腾挪”，思路也伴着对方“亦步亦趋”，忽而“拨云见日”，因获得真知而“醍醐灌顶”，又忽“曲径通幽”，在昏暗中洞见对方思虑深处隐约闪现的智慧光芒而“欣喜若狂”。此时，和着交流的节奏，与对方“击瓯鼓瑟、踏节起舞”，如同“子期遇伯牙”，在不知不觉中被对方吸引、引导、附化，从而“身心相通”达到“途遇知音”的交流效果。

反之，若一心想着如何“表现自己”，如何去“抖机灵”，就无暇认真听对方说着什么，满脑子只剩下自己的“机灵”，话题就不免南辕北辙，出现大幅“跳跃”，让对方一头雾水，不知所措。久之，令人不得不承认双方思虑“不在一个频道上”，“鸡同鸭讲”还是尽早结束为好。此种情形，纵然谈话者表面上没有打断别人，乱抢话，但实际上也是没有尊重对方，注意力依然还是放在“表现自己”，这是我们需要避免的。

更有甚者，在倾听的过程中一旦发现对方的观点和自己不一致，就渐渐激动，越发固执地反复强调自己的意见，同时听不进也不允许对方持有异见，态度坚决而生硬，丝毫不顾对方的感受，让沟通陷入僵局。这种“固执己见”的激烈交流方式反映出“非黑即白”的简单思维模式，完全背离了工作沟通的目的和宗旨。而一个真诚成熟的职业人无论对方的观点是否和自己一致，都能控制好自己。**因为他知道观点没有对与错，要努力理解对方的处境，心平气和地交换意见，在解决共同问题的道路上，手越拉越紧，心越来越近。**

有人说即便没有人听到一棵树倒下了，也不能说世上不曾发生那声声响。我们要问问自己，倘若我们只顾自己表达，对方压根没有听进去，那么沟通的意义何在？我们清楚，即便是言辞最火辣的评论者，也难以抵挡倾听者的耐心和同情，他们多半会逐渐趋于和缓，变得温和而善解人意。我们面对不同意见时，只要缄默，而且只是认真地倾听他的谈话，他也会缓和下来。所以，想要达成沟通目的，就要先精于倾听。

在日常生活工作中，沟通是非常重要的，沟通有效与否就取决于倾听能力。对组织而言，成员的倾听能力决定组织工作效能；对成员而言，倾听是与组织保持互动、协同一致的前提。有人说，会倾听的人更易于“脱颖而出”，此言不虚。因此，在别人说话的时候，我们要专注倾听，不打断对方，不更换话题，更不能争执，要让自己成为一个出色的倾听者。

2. 手势

我们都有一双手，这是我们最灵活的肢体。手势就是手做出的表情，同样内涵也丰富多彩。经过漫长岁月，我们能从对方的手势中获得大量信息，当然，我们也同样传递出大量信息。由此，手势可谓无声的语言。

人的很多情绪都会有意无意地表现在手上。手势是职场沟通中的伴随性肢体动作，是最富有表现力的无声言语。有句老话叫“心所思，手所指”。沟通中，我们会有意无意地运用手势辅助表达。此时，一定要注意场合和约定俗成的常规，否则会引起误会。

沟通时合适的手势往往能够带来很好的效果。当然，不合适的手势也会让人觉得不受尊重。**首先，我们的手势不能夸张、过大，**手势如果过大，是用无声的语言告诉对方我们在小题大做，甚至有些虚张声势。与此相反，恰当幅度的手部动作则给对方留下真切、实在的印象。**其次，频繁看表，意味着自傲和不安，**给人一种想赶快结束谈话去忙别的重要事情的感觉，对方当然会感到不快。**最后，抱臂交叉腿或紧握双拳，也让人觉得不坦诚，**没有敞开心扉，甚至有一丝好斗逞勇，这会让对方陷入不安。

深有感触，表示还没理解，或者是表达出自己的同情、感恩等。总之不能木然对待对方的观点和建议，毫无反应。

其次反馈意味着在一场沟通中，无论是否达成共识，无论问题是否得到解决，我们都要在沟通结束的时候给予对方正向、积极、恰当的反馈。**这个反馈可以是积极的反馈，即表示同意，达成共识，问题得到解决；也可以是调整型的反馈，即表示完善或更新以及修改；还可以是拒绝型的反馈，即表示不赞同，继续沟通寻找共通点。**

现代职场中，有一个针对靠谱的普遍判别标准，就是“事事有交代，每件有着落，每事都反馈”。这就叫闭环思维。这思维的要点是向对方适时通报各项事项进展。职场靠谱人都拥有闭环思维。其实沟通中也是如此，良好、恰当、积极的反馈会赢得对方的信任，给人以靠谱之感，沟通起来就会没有戒备，没有障碍。人人都喜欢得到有效的反馈，哪怕是恰当的拒绝，沟通中最怕的就是一方说破嘴皮子，对方毫无动静，既不表示同意，也不表示拒绝。

首先，反馈应该主动，不要等对方问到的时候再说；其次，反馈应具体准确，不能模棱两可；最后，反馈应态度友好，不能情绪激烈。

B是一家知名公司的采购专员，短短两年的工作时间，就已经取得了不俗的成绩，累积了一批客户，颇受领导的赏识，公司也计划重点培养。

最近，公司要跟一家仪器生产企业进行商务谈判，对方希望能够把一批仪器卖给他们并达成长期的合作关系。公司将这个重要的任务交到了B手中，希望他能够担当重任，为公司建立新的合作关系。

谈判当天，合作方通过大量图表和数字展示了公司的雄厚实力，用事实表明他们的产品是最佳选择。B在对方的说话过程当中，时不时地点头、微笑或者表示赞同，遇到自己不懂的问题时，也会适当地提出自己的疑问……

在对方介绍完自己的公司和产品之后，B说道：“你讲得非常精彩，我们公司对你们的产品也非常感兴趣，但是在价格上我觉得我们还有必要再探讨一下。”

几番沟通下来，双方已经达成了共识。最后，对方的谈判人员说道：“其实您给出的价格是我们意想不到的。但是，在我们沟通的过程当中，您听得很认真，也告诉了我们您的困惑和不解，当看到您对我们的产品表示出的兴趣的时候，我就知道，您对本次谈判充满了诚意。无论如何，我们都愿意跟有诚意的公司和人合作，哪怕亏一点。”

正向、积极、恰当的反馈能够减少误解和不理解，同时传递发自内心的尊重，表明对谈话内容的关注。设想一下，如果我们同一个人沟通事情，他持续地反馈，给予相应的信息确认，让我们觉得他对话题很感兴趣，渴望我们不停地说下去，如果面对的是这样的听众，我们肯定更加愿意敞开心扉。所以，沟通越充分，信息越真实，我们就越能了解全貌，在明确所有相关信息后，解决问题就比较容易了。

因此，无论沟通对象是谁，无论以何种方式进行沟通，无论沟通的话题是什么，无论是沟通过程中的互动式反馈，抑或是沟通结束时的结论式反馈，都要给予对方反馈，用此表明自己的态度和对本次沟通的重视程度，以此显示出，我们会不时地站在对方的立场上思考问题，同时也表现出了自己的真诚。而换位思考和率真坦诚则是沟通的本质。

三 / 沟通的本质

（一）换位思考

在许多公司里，这样的例子几乎每天都在上演：运营无法理解为什么产品经理把需求否定了；市场部不能理解为什么生产部不能按时供货；设计师不能理解市场部为什么不尽心推“爆款”；供应部不理解设计师为什么总搞些古怪的面料……凡此种种，造成职场效率低下，让职场沟通成本无限增大。**减少沟通成本的有效措施之一就是同理心，也即站在他人角度思考问题，这样人与人之间的互信会增强，交流会融洽，合作会愉快。**

通常我们会想当然地以自己为中心，以为别人也会像自己一样思考和行事，这就是没有同理心，自以为是，从根本上造成了我们的沟通障碍。一位西方作家在一则评论中谈到，只有当别人感觉到你认为他的观念和你的同等重要时，双方的谈话才会愉快。

在开始谈话的当口，要让对方先把要沟通的目的讲出来。作为听者，不要插话。如果对方感觉到我们理解他的意思，接受他的观点，他会欢欣鼓舞，敞开心扉。与此同时，接受我们的观点。这就是换位思考，假如对方不如我们所愿，也不要着急上火。先静一静，理理头绪。思考下为什么会这样，对方的真正动机是什么。只有找到了真正原因，我们才能真正了解对方。要做到这点，真诚是万不可缺的。

人与人之间少不了的就是换位思考，将心比心就能善解人意，化干戈为玉帛，求得双赢。

E在外企做销售，上司是个美国人。一天，公司的客户提出能否将交付的产品国产化，这样，能大幅降低客户方的相关费用和成本。若是做不到，客户方很难继续订货。

E很重视客户的要求，苦思冥想，认真调研，向上级提交了预案。岂料，领导否定了提案，因为提案会导致大中国区外的价格政策紊乱，破坏全球市场。这个关头，摆在E面前有两个选项：一则坚定地阐述自己原有的想法，尽管领导会再次否决自己；再则就是服从上级领导指示，可是这样做，那个最为关键的客户可能会永远地失去了，以后的业务将举步维艰。

在她看来，这两个选择都等于失败。E思来想去，最终决定好好地跟上司沟通一下，打定主意后，她主动找上司汇报工作。在汇报中，她以充分的材料，阐述了心中的观点，再次强调了此客户的重要程度。

上司平静地听完E的观点之后，说道："我能理解你的想法，这套方案放在中国市场绝对非常出色，它有助于帮助我们在中国市场占据一席之地。但是我们是一家全球化的公司，我们在世界各地都有分公司，我们不能只站在自己的立场上看待问题，要打开自己的格局，多站在公司的立场上看待问题，思考公司整体的全面发展。不能因小失大。"

E听后，觉得原来的方案确实只关注自己，并没有站在上司立场上看待问题，忽略了整体，因此那份方案具有一定的局限性。于是她向上司道歉说，自己确实没有站在上司的角度看待问题，太过以自我为中心了。

外国谚语说要想知道鞋子合不合脚，穿起来走走就知道了。说的就是要有换位思考的同理心。职场中，要善于移情，用同理心思考，这样更容易找到解决问题的办法。要理解同事的难处，学习领导的高度和格局。学会换位思考，通过双赢思维化解冲突，是找到让自己和对方双赢的解决方法的最有效途径。我们说的换位思考和同理心，就是站在对方的立场去思考问题。**当我们能够跳出自己的工作范畴，跳出自己的思维局限，更多地站在领导、同事的立场甚至是公司发展的角度看待问题，就会发现有时候自己的想法是存**

在一定的局限性的。

学会换位思考，是成长的根本。沟通时，先私下默默地想一下：“假如我处在他的处境，我会做何感受？我会怎么反应？”如此这般，会免去很多不必要的懊恼。在职场，要想使问题得到有效解决，缓和工作中的人际关系，积蓄人脉，就要学会和同事合作，而合作中最重要的就是要换位思考。换位思考，会让沟通更加顺畅，让职场人际关系更加和谐。

（二）率真坦诚

“善大，莫过于诚”，职场人际交往中，维系人与人之间的高效合作关系，最重要的不是技巧而是真诚。对于初入职场的人来说，真诚即是率真和坦诚。所谓率真就是指在沟通的时候，要真心实意，态度诚恳，不虚伪，不说假话，沟通要实打实，不要虚与委蛇。态度更要真诚，不能显示傲慢。总之，沟通要真诚。

要取信于人就要率真为怀，这是处事的基本要诀，是互信的基础。面对不同的声音，要胸怀坦荡地沟通交流，切实为对方考虑，不要明修栈道，暗度陈仓。要恪守诺言，言行一致，说到做到，敞开心扉，实事求是，不三心二意，不当面一套背后一套。这就是职场沟通中的“诚”，“诚”是职场沟通的根本，是职业人的基本准则，也是建立良好人际关系的基本要求。

只有率真坦诚，才能在交往中互相了解，彼此信任，和谐相处。亚伯拉罕・林肯说：“如果想赢得成功，首先让人感受到你的真诚。”真诚不但是美德，更是神奇的磁场。真诚的人，人人都喜欢。真诚的人，人人都愿意施以援手。我们真诚地对待别人，别人也会以真诚回馈我们。

让每个跨出大学校门的毕业生魂牵梦绕的莫过于求职。为尽快找到心仪的工作，毕业生们绞尽脑汁，想尽办法。有的买求职书，有的上网搜“面经”，有的向师兄弟登门求教。D同学试了上述诸多办法，反倒更迷糊了，因为反馈的信息大相径庭，甚至相互矛盾。D同学决定灵活机动，以智取胜。

不久，D同学争取到了一次面试机会。D同学对这家公司心仪已久，准备工作细致到位。面试官问道：“你在学校没有什么突出的表现吗？”D同学一窘，镇定地说：“您说的对，我的学习成绩一般，也不是班干部和学生会干部，主要是因为我努力不够。”说罢，自己都觉得回答得“太蠢”。

面试官接着问：“你为何申请我们的职位？”D同学思索片刻回答道：“我很早就对贵公司有所耳闻，很心仪。听师姐们说过贵司特重视员工培训，发展空间大，有干头儿。”面试到此结束。D很失落，自己准备的“巧劲”一个都没用上。没想到面试就这么结束了。出人意料的是，两周后，D竟然接到了录用通知。

可以说，“真诚”就是最好的沟通技巧，有效的沟通往往来自真诚。真诚能够拉近你我之间的距离，让我们心领神会，能抵御猜忌的侵蚀，能化解彼此的误解，能创造长久的合作关系。**沟通中的任何虚伪、圆滑，都抵不过时间的考验，只有坦率真诚，才是最好的沟通技巧，这是沟通的本质。**没有真诚的沟通，不能称之为有效沟通。

四 / 沟通助力职业发展

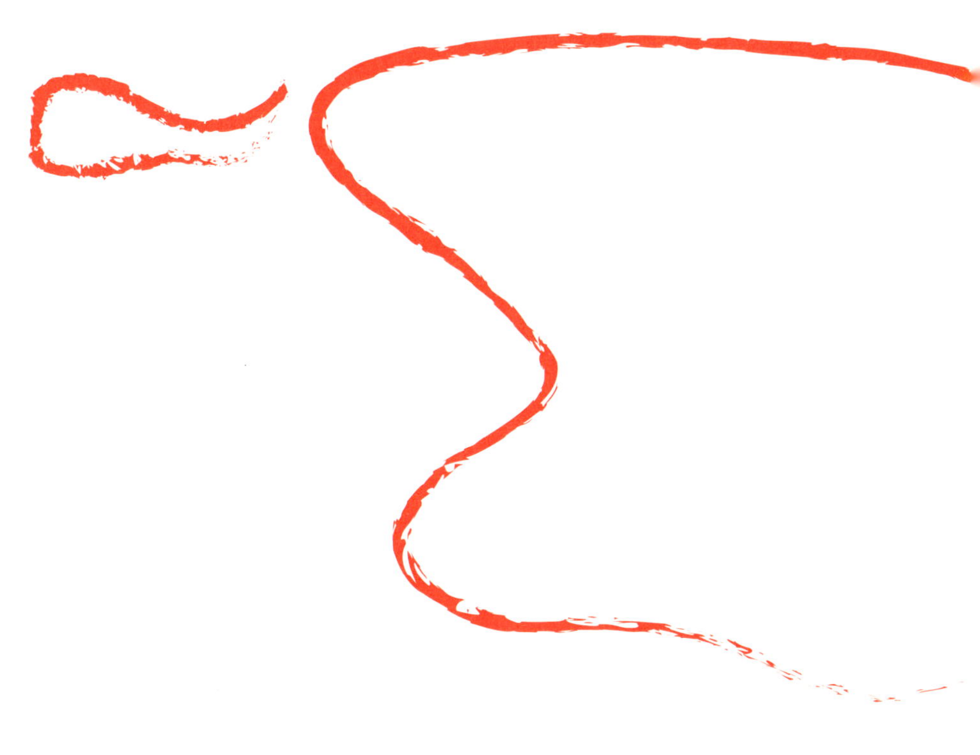

沟通不是我们职场成功的唯一条件，但却是必要条件。没有沟通，一切能力都将毫无用武之地，一切经验都无法发挥实质的作用。在当今职场，有效的人际沟通是职业生涯走向成功的要素。每位职业人都要面对一个日益严峻的问题，就是该怎样通过沟通建立高效的协作关系，在文化日益多元化的世界，更是如此。切记，沟通不仅仅是信息的传递、情绪转移，更是期许的互动。有效沟通会带来积极的关系、良好的团队精神、信任度高的工作环境和其他资源，助力职业发展。

卡耐基是美国著名成人教育家和人际关系学家，前来听他讲授课程的学员有90%都是来自职场，他们中有公司高管，也有小公司的基层员工；有从事案头工作的文员，也有从事推销工作的推销员；有工作多年、经验丰富的人，也有刚刚迈进职场的新人，他们报名学习卡耐基课程的目的就是要提高自己的沟通能力，以期在不久的将来获得职业成功。

“我希望能够处理好和同事、领导之间的关系。”一家化妆品公司的策划人员说道，“我认为，正是这种关系决定了我未来的前途。我希望自己也能够取得成功。”“那么，良好的沟通能力一定能够帮你做到这一点。”卡耐基先生十分肯定地说道。

导致一个人成功的原因是非常复杂的，好的沟通能力一定是其中关键因素之一。能够有效沟通是一种神奇的职场力量。这种力量让我们清晰而有理地传达思想，表达感情，交换信息。可以这么说，一旦拥有了这种力量，再经由书面或面对面沟通的形式，就能有效地影响周边的人们，如此，我们就更容易“脱颖而出”。

所以，每一个职场新人，都应该努力地去提升沟通能力，助力自己的职业发展，从而成就一番事业！

【本节要义】

1.“言事”即工作沟通，是为了完成既定的工作任务，通过听、说、读、写的方式把信息有效地传递给对方，促使对方理解、接受，适时采取行动，从而达到积极双向的互动过程。

2. 沟通的目的：达成共识，解决问题。想要达成一场有效的沟通，需要做到以下 3 点。

（1）氛围的营造：保持开放的身姿、坚定柔和的目光、微笑的面部表情、恰当的手部动作、平和的语气态度，认真倾听，积极明确地反馈。

（2）换位思考：跳出个人的工作范畴及思维局限，更多地站在对方的角度看待问题。

（3）率真坦诚：沟通中，要态度诚恳、不虚伪、不说假话、不傲慢、不虚与委蛇。

【思考题】

1. 职场沟通要达到什么效果？

2. 说服了对方是否就是成功的沟通？为什么？

3. 沟通中有失真诚的后果是什么？可避免吗？

学习

自省

灭生

第四章

第一节 自省

面对现实，勇于承认错误，问题就解决了一半。

从前，有位太太，多年来不断指责对面的邻居太过懒惰。她经常发现邻居家的衣服总是洗不干净，有一些斑斑点点存在。一天，朋友A来她家做客，这位太太喋喋不休地向A讲述了此事。然而，当A来到窗户前观察，才发现这位太太家的窗户上存着一些灰渍。于是A拿起抹布抹掉了窗户上的灰渍，这时，太太才意识到她认为的那些斑斑点点的衣服其实洗得干净如新。

在职场上，像这位太太一样，缺乏自省能力的职业人处处可见。当工作中出现了问题或错误，很多人的选择不是以己为镜，从自身找原因，而是把所有问题都归罪于他人，或者是客观环境。

面对这些错误，有的人选择逃避掩饰。例如，作为设计人员，负责设计的企业宣传海报，因为标注错一个电话号码而导致几万张海报废掉。作为全权负责此事的负责人，进行自欺欺人的自我辩解，甚至试图掩饰错误。

有的人选择互相推诿。例如，作为销售人员，由于没对市场部提交的资料进行检查，就直接发给客户，导致错失订单。当领导问责，有人会下意识地放大他人的错误比例，缩小自己的错误影响。在领导面前扯皮推诿，让他人代自己受过。

有的人则是满腹委屈。例如，由同事主导的客户接待工作，自己只是负责安排会议室，但由于协调不到位，让客户等候了一个多小时，留下非常不好的印象，最终，合作不了了之；如果同事因此责怪他，他会觉得不解，甚至委屈，认为错误主因是他人工作的失责，与自己没什么直接关系。

不管是以上三种的哪一种选择，无疑都堵死了所有解决问题的道路。但这些问题真的与自己无关吗？其实职场中很多的问题，就像窗户上那块灰渍一样，也可能出现在我们自己身上。

我们如果不想要被灰尘遮挡住视线，就要以己为镜，多去解剖自己，多从自己身上找原因。**当我们把自己工作中的问题和错误，都说清楚，并且勇敢地承认它，问题基本上就解决了一半儿了。**

这是因为，一方面企业对职场新人保留了一定的容错率，对于尚未定型的职场新人，上司不会因为几次失误，就全盘否定某个人。**企业真正想看到的，是虚心承认错误、愿意去改正错误的职业态度。**这种态度，代表了员工具有解决问题的能力和潜力。有了这种态度。企业愿意再多给一次机会。

另一方面，只有先承认自己的错误，直面问题，才能找到问题的症结，才有了解决问题的可能。

在纽约的一家汽车4S店里，一位叫彼得的销售员一时大意，把一台价值五千美元的汽车发动机以三千美元的价格卖给了一位顾客。面对这种失误，一个同事劝他赶紧追回那位顾客，让顾客把差价补齐。如果不行，就偷偷地将这两千美元补上，没人会发现这件事。可是彼得却不认可这些方法，因为他觉得，是自己把价格弄错了，不能让顾客补齐差价。这样，会严重损害维修店的声誉。而他也不想把这件事隐瞒下去。他决定向店长承认错误。

于是，他来到店长办公室，说道："对不起，凯德先生，今天由于我个人的失误，使维修店损失了两千美元。我为我的错误向您致歉，这是我的两千美元的赔款，把这笔损失补上。同时，我也准备辞去这份工作。"说着，彼得拿出了一封装有钱的信封。凯德先生看着彼得，说道："你确定你要这么做吗？"彼得说道："是的，我把发动机的价格搞错了，我要对这件事情负全部责任，因此，我只能这样做。"

彼得这种勇敢承认自己错误的行为打动了店长。最终，店长并没有批准他的离职，反而给了他更多的晋升机会。

在职场上，问题和错误，是像埋在地下的地雷，让人猝不及防。**逃避问题，意味着亲手扔掉修正的机会。而承认错误，则意味着代价和后果是可控的。**当这位汽车修理员面对类似的问题时，他没有逃避隐瞒，没有与顾客推诿扯皮，更没有满腹委屈，而是从自己身上找原因，主动承担了低价售卖轮胎所造成的损失，并且勇敢地向领导承认了错误。正是这种勇于担责的态度和勇气，让他赢得了上司的谅解和青睐。

人不会因为承认错误而变得渺小，反而会因为承认错误而变得有担当。作为一名职场新人，当我们在工作中出现了问题和错误时，我们应该首先解剖自己，从主观上查找原因，并且对于自己的失误，要敢于面对，勇于承认，这才是最正确的选择。

二 / 职场上，重复犯错误，是最大的错误

在职场上，犯错不可怕，任何一个新人都是在一个又一个错误中成长起来的。但可怕的是，**有些人却像一个陀螺一样，在同样的错误上持续打转。**虽然企业对职场新人保留了一定的容错率，但如果接二连三地重复犯错，那无疑是在消耗企业对他的信任。这绝对是职场上所犯的最大错误。

没有被石头绊倒过的人是懦夫，但被同一块石头绊倒两次的则是蠢人。我们不怕犯错，但也不能重复犯错。因为，让我们与众不同的，不是错误，而是对它的反思与总结。

面对现实，勇于承认错误，问题就解决了一半。而要解决问题的另一半，就是要通过反思、总结，永远不再犯类似的错误，这样才算彻底解决了它。

所以，在每一次犯错之后，我们都要以自己为镜子，深入地剖析自己的工作思路和方法，评判一下现在的结果和预期的目标相比，有哪些地方做得不好，哪些地方还有差异，然后挖出错误的根源，来纠正以后的工作，避免再犯相同的错误。

如果能在错误中找到事情的本质，并且发现同类问题也适用的经验和规律，那犯错对于我们而言就不仅仅是一次失败，而是一次提升自我的契机。

小林是某情感类公众号的运营专员。期间，公司计划和某嘉宾进行合作，专门为这位嘉宾开辟一个专栏。在入驻之前，小林负责为嘉宾组织一场和粉丝的线上交流活动，为嘉宾的入驻进行造势。

经过两个星期的精心筹划，小林建立了五百多人的微信沟通群。但是在活动当天，粉丝的互动却少得可怜。同时，嘉宾对粉丝的问题，准备也不够充足，导致活动几度出现了冷场。最终，这场交流活动进行到一半，就不得不提前结束了。

面对这么大的失误，第二天，小林主动向领导承认了错误。小林凭借诚恳的态度，取得了领导的谅解，并且他没有将这次错误丢下，而是对此次活动进行了深入的反思与总结。经过反复地分析，他发现自己存在两方面的问题。一是在活动开始之前，没有提前和客服部进行沟通，了解粉丝的需求，导致用户的参与度不高。二是对于粉丝的需求和问题，没有提前和嘉宾进行说明，导致嘉宾准备不充分，与粉丝的互动黏性不高。

找出了问题之后，小林决定定期和客服部做好沟通，第一时间了解粉丝的核心问题和需求。

半年之后，小林再一次得到了组织活动的机会。而这一次，小林表现出色，活动举办得非常顺利，嘉宾和粉丝双方都非常满意。小林也得到了令人欣喜的成长和进步。

职场上，没有人会无缘无故地犯错。每一个错误背后，都有其内在的根源，也都有它的价值。我们要做的就是对工作路径进行深入剖析，找到事情的内在规律，并以开放的心态进行全面反思。小林之所以能够从一次错误中完成了蜕变，正是因为，他不仅勇于承认了自己的失误，并且对这一失误进行了反思与总结。在这一过程中，把握住了粉丝的本质需求，也找到了组织一场活动的内在规律。小林第二次活动的成功举办，也证明了他真正从错误中，获得一次完善自我的契机。

职场上，最大的错误，就是重复犯错。面对错误，如果不做反思与总结，只会在同一个错误上反复跌倒；只有深入剖析自我，挖出问题的根源，找到关于工作的本质和规律，才算彻底解决了失误。而这一过程，也将会凝聚成我们自身的能力，帮助我们完成个人的成长和进步。

人最困难的事情，就是认识自己。而比认识自己更困难的是认识自己的错误。世界上没有白走的路，每一步都算数。在职场上，也没有白犯的错误。能否把错误，变成有价值的成长养料，关键就在于我们是否拥有深刻有效的自省能力，这种自省能力，体现在我们面对错误时的态度和行动。

职场新人囿于经验和能力，总是不可避免地会犯各种错误。当各种问题和错误发生时，第一步，要勇于承认，从自身查找原因。找到了自身的原因所在，就意味着找到了正确道路的可能性，问题就解决了一半。第二步，要深入剖析问题，深挖错误的根源，找到自我改进的成长路径，彻底把问题解决掉。这样，错误才能转变成职场进阶的基石，而我们也会在一次次的错误中实现个人的完善和进步。

【本章要义】

1. 每个人都有经验和能力上的局限，不可避免地会出现各种问题及错误。当面对这些问题及错误时，一个人自省能力的高低，决定了未来的职业发展高度。

2. 工作中的自省，表现在以下两方面。

（1）遇到问题，从主观上寻找原因，并且要主动面对，勇于承认。

（2）深挖问题的根源，找出其本质和规律，不犯相同的错误。

【思考题】

1. 您自省过吗？请举例。

2. 科学、客观、理性的本质是什么？

3. 为什么少有人自省？您当如何做？

第二节 学习

面对技术的变革、职业结构和环境的演变，每一个职业人都需成为主动学习、持续学习的紧迫自我教育者。

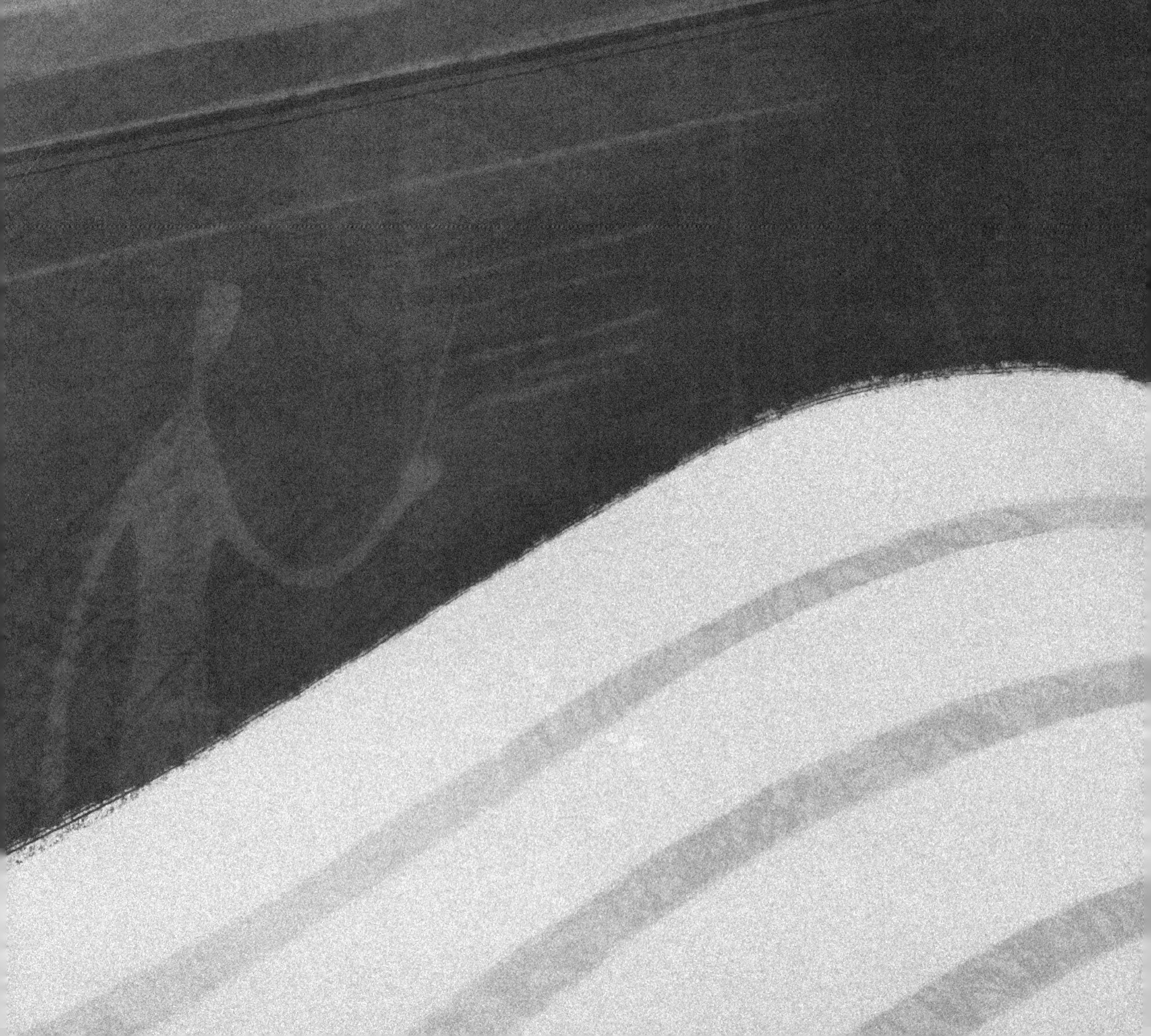

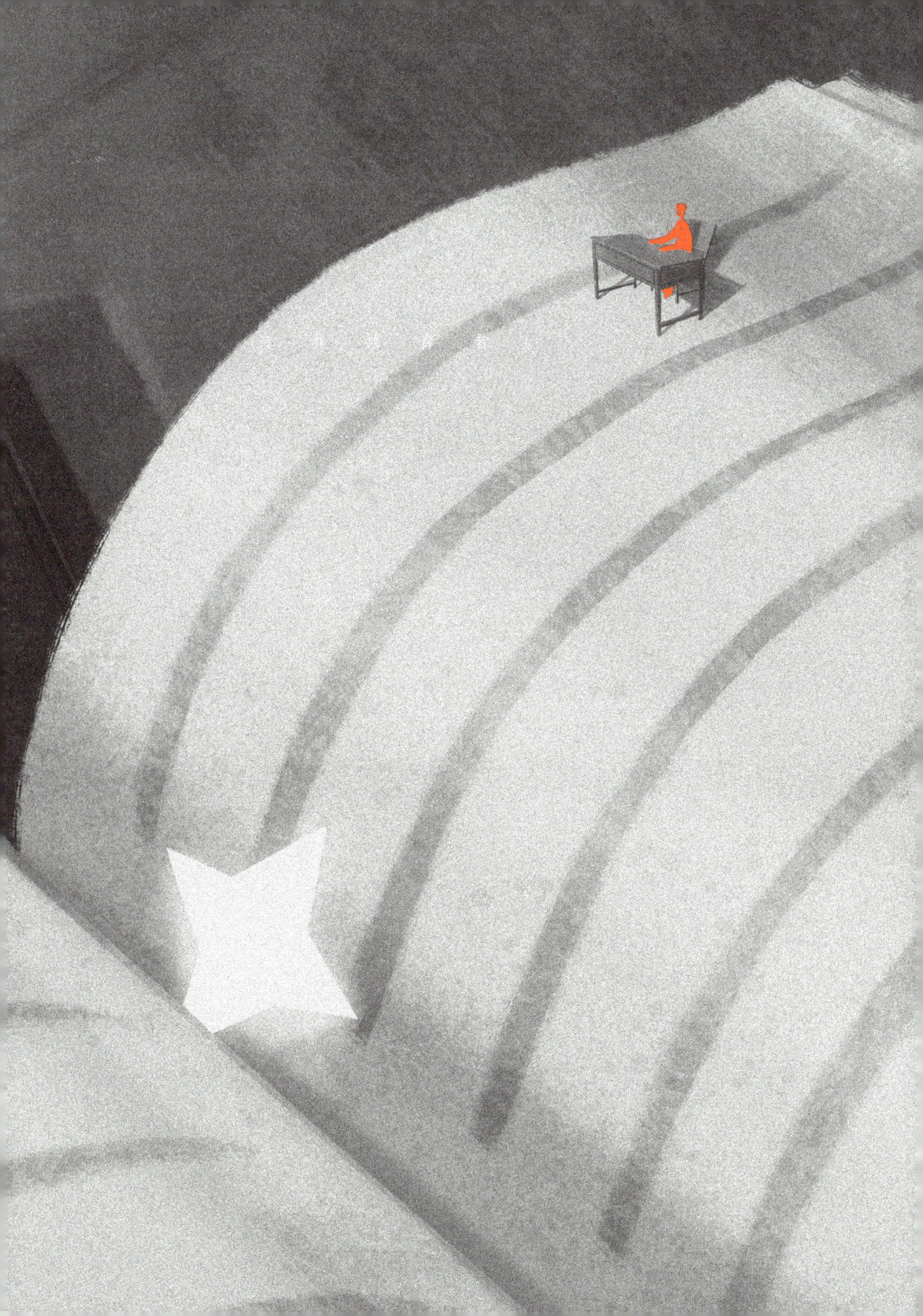

21世纪文盲的特征是什么?

美国未来学家阿尔文·托夫勒曾说过:**21世纪的文盲,不再是那些不会读、写的人,而是那些停止学习、不懂摒弃所学、不会持续学习的人。**简单来说,新时代的文盲,不再以学历或者知识的多寡来衡量,而是看是否拥有持续学习的能力。

一个职业人一生所取得的成就,注定与学习息息相关。尤其是在这个知识、技术无时无刻不在裂变和更新的时代。互联网的普及,让知识、技术处于一种随时可以被获取的状态,这个时候,学习能力显得尤为重要。

职场上,一个人的真正核心竞争力是学习能力。对于职业人而言,一个人的知识、学历、才华,哪怕是过去的经验,都只是一个标签,**真正具有竞争性的资本是一个人的学习能力。**同样是几十年的职业生涯,为什么有人的发展之路直线上升,不断进阶,而有的人始终原地踏步,无法突破。其原因就在于其学习能力远远落后于社会发展的更新速度。

所以,职场上人与人之间的差别,说到底是学习能力的差别。当所有人都在持续不断地学习,你却没有任何进步时,其实就是在倒退。作为一名初入职场的新人,我们一定要始终牢记一点:**我们可以离开学校,但一定不可以离开学习。**因为只有主动学习,才能打造出职场的核心竞争力,成就更好的自己。只有通过持续不断的学习,才能适应当前的社会要求,应对每时每刻都在发生的变化与竞争。

一 / 主动学习，是成就自我的最佳途径

当我们从学校踏入职场，会发现工作中的很多问题，都没有标准的参考答案。这个时候，我们就需要掌握一定的工作技能和解决问题的本领，这是一个职场新人生存的根本。而这些技能和本领只有通过不断的学习才能获取。

为什么很多企业在招聘人才的时候，十分看重学历，尤其青睐名校毕业生？这是因为从学校进入职场，很多东西都需要从头开始学起。能够考上名校的这部分人，说明他们智商足够，学习能力强，在以后的工作中成长速度会更快。而企业看重的正是名校毕业生快速学习的能力。

（一）职场上，谁都不是天才，唯有学习才能补拙

作为一名初入职场的新人，如果各方面条件不是那么突出，**主动学习，可能是我们实现赶超的唯一核心竞争力。**尤其在职场的前三年，职场新人由于尚未掌握职场规则和生存技能，因此，在工作中更多地表现出一种“笨拙”：不知道如何执行工作指令，无法理解上司的工作安排，甚至不会调试投影仪，最简单的行业常识也会搞错……以往在学校里听惯的夸奖，突然间变成了否定和质疑，这几乎是所有职场新人的经历。面对这种狼狈的职场过渡期，学习，是职场新人弥补“笨拙”的有效途径。

这是因为，学习是职场上回报率最高的一种活动。尤其是对于新人来说，工作的过程就是一个学习新知识、新技能的过程。如果在工作中，我们能像海绵一样吸收、学习各种工作技能，并及时地总结和思考，那专业能力一定会得到快速提升和优化。学习能力不仅可以让我们更快地进入工作状态，也可以帮我们快速地完成从新人到职业人的转变。

其次，强大的学习能力，是他人无法简单、快速复制的一种能力。职场上，一个人的工作方法可以被模仿，专业技能可以被复制，但唯有学习能力是一项系统性的内在能力。一个拥有强大学习能力的人，在未来的职场生涯中，就拥

有了他人难以比拟的长期优势。

纵观职场发展的轨迹，那些抓住机会，通过主动学习为自己不断赋能的人，即使是先期各种条件落后于他人，最终也有实现赶超的可能。所以，如果职场新人想要让自己尽快成长起来，就要在工作中树立一种主动学习的意识。

著名篮球评论员杨毅，在初入职场时，就是通过主动学习，让自己从一名职场小白蜕变成了一名成熟的专业记者。

1997 年，杨毅毕业于上海体育学院新闻系。毕业后，正式进入《北京青年报》，成为了一名篮球记者。但在这之前，杨毅是一名足球运动员。大学里所写的稿件也都与足球相关，平常关注的方向也都是足球。但由于当时报社的足球记者已经满编，杨毅不得不做出妥协，成为了一名篮球记者。

虽然杨毅在篮球方面毫无基础和优势可言，但他认为，既然走上了篮球记者这条路，就一定要倾注全力地去做。

由于对篮球知识缺乏一定的了解，他在工作中遇到了诸多的困难。写出的新闻稿件专业度不足，工作上手也比较慢。随着工作的深入开展，杨毅逐渐发现真正想报道出“有料”的内容，需要加强自身的专业性。只有自己足够专业，才能够走进篮球运动员的内心，他们才会给他想要的内容。但对于一个刚刚入行的新人来说，如何才能提高自己的专业性呢？杨毅选择的就是自主学习。

他首先开始阅读各种与篮球相关的书籍和报刊，学习篮球知识，了解业内著名篮球运动员的成长史以及新闻报道的基础知识。但由于当时国内与篮球相关的书籍比较少，他就特意托朋友从美国买书回来恶补。之后，他开始把每天晚上看英超比赛的时间，都花在了阅读篮球书籍上。

除了自主学习之外，杨毅利用出去跑采访的机会，认识其他的篮球记者、教练员和运动员。杨毅抓住一切时机，向他们进行请教学习，掌握了业界的第一手资料，了解更多的实操知识。在日常的工作中，杨毅更是坚持多听、多看、多感受，并且及时地进行反思总结，形成了自己的一套采访和写作风格。

经过长时间的学习，杨毅练就了扎实的新闻基本功和各种实操技能，撰写的篮球约稿观点独辟、文采飞扬，非常抓人，成为了报社内成长最快的一名记者。慢慢地，他获得了更多的工作机会。

当中国球员王治郅作为亚洲第一位进入NBA的球员去往美国达拉斯时，杨毅在现场；当巴特尔进入NBA时，杨毅在现场；当姚明以状元的身份被休斯敦火箭队选中时，杨毅也在现场。杨毅成为了唯一一个采访过中国三大中锋进入NBA的记者。新华社高级记者徐济成评价杨毅：他是第一个走出去的中国专职篮球记者。

从杨毅的经历可以看到，一个人主动学习的能力，是带领他向上发展的阶梯。杨毅正是靠着超强的学习能力，在基础条件毫不占优势的情况下，迅速掌握了各种专业技能，成长为一名合格的篮球记者，从而奠定了杨毅在篮球评论行业的地位。

职场上，一个人的基础条件，只代表了暂时的差距；一个人的学历，只是知识积累的标志，都存在一定的有效期。进入职场，如果我们不知道学习，或是不知道该如何学习，任何暂时的条件优势都会随着时间消失。作为无经验、无能力、无背景的三无新人，我们唯一的竞争优势，就是像杨毅一样比他人学得更多、更快、更好！

在具体的工作中，我们可以通过以下几种方式进行学习。

1. 从书本中学习

读书，是职场上一项最经济却也最划算的投资。尤其对于职场新人来说，跨入职场这个全新的领域，最容易入手的学习方法就是阅读书籍。这不仅包括所从事工作的专业技能书籍，还包括职场通用类书籍。

阅读专业书籍，可以让我们系统地了解专业领域的核心知识、实际应用的案例，以及各种操作技能，尽快地上手工作。阅读职场通用类书籍，可以让我们了解一些通用的职场技能和行事规则，从而建立对职场的正确认知，快速地适应职场。

如果我们从事的是新媒体运营工作，可以阅读一些新媒体领域的权威书籍。同时，还可以根据人力资源经理所提供的岗位说明书，确定自己所要学习的技能内容，像新媒体运营这个工作需要一定的设计能力，就可以学习一些Photoshop的教材，提高自己实操能力。

除此之外，还可以选择阅读职场的时间管理类书籍、与人沟通的书籍以及职场达人干货分享类书籍，培养良好的思维方式和职业习惯。

当然，阅读书籍只是学习的一个方法，除了看书之外，我们可以去一些行业网站或者互联网的学习平台，多方面开拓自己的学习渠道。

当我们通过主动性的学习，系统地理解职场以及专业领域，不仅可以避免出现一知半解的情况，也能更加真实、全面地看待职场和工作，帮助我们尽快地独立承担工作任务，更快地适应职场要求，努力赶超。

2. 向优秀的人学习

除了阅读书籍之外，最直接、最快捷的成长方式就是向优秀的人学习。对于一个处于零基础水平的新人来说，身边每一个人都是值得去学习的对象。但其中最先接触到的第一类学习对象就是职场上的前辈；对新人成长帮助最快的第二类学习对象，就是行业内的专家。

向公司的职场前辈学习。职场前辈是进入职场后，最先接触的一批人，不仅包括早进入职场的同级，还包括直属领导等。

他们身上有着被时间验证过的成功经验，以及成熟的工作思路和方法。向职场前辈学习，可以让我们直接获取他们的成功经验，帮助我们少走弯路。

所以，在工作中，要把握好每一次与同事合作、共事的机会。主动留心一下他们在面对工作任务时，是如何处理的；在遇到棘手的难题时，是如何解决的。小到待人接物、接打电话和收发邮件，大到会议准备、方案撰写、客户说辞等，这些都积淀着他们的经验和思路，非常值得借鉴与学习。

向行业内的高手学习。除了职场前辈，现代互联网的发展，让我们通过各种渠道、平台接触到行业内的顶级高手。他们拥有更深厚的职业积淀，更高层次的职业修养和专业技能。我们可以根据自己的需求，去参加各种线上、线下的分享活动，了解行业高手的成长轨迹，避免他们走过的弯路，并且向他们寻求专业疑问的解答。

向行业内的专家学习，可以帮助我们跳出日常工作的局限，打开视野，从而实现职场进阶。

3. 在工作实践中学习

除了从书本中学习、向优秀的人学习之外，在职场中执行工作和解决问题是最有效的学习方式。对于职场新人来说，每一次执行工作任务，每一次解决问题，都是一次学习成长的机会。

因为在这个过程中，我们会发现完成既定工作任务的新思路、新方法和新工具。通过不间断地探索，可以持续拓宽专业视野，不断更新自己的专业技能储备。

例如，参与一项市场调研的工作，从前期调研方案的撰写、调查表的制作，再到深入一线进行实地调查，最后撰写相关报告和汇报，在这个过程中，有诸多的工作规律、解决问题的思路值得我们去斟酌。如果懂得深入思考，并及时归纳与总结，就能够发现自己的困惑和盲点。

通过多次解决类似的问题，自己就会慢慢发现同类工作的适用规律，能力也会随之提升。

当然，除了一些复杂性的工作，即使是一些基础性的工作，例如制作一份PPT，或者发送一封电子邮件，只要愿意去深入思考，就会找到处理类似职场问题的新思路和新方法。

工作能力不是仅仅通过看书就能获得，任何的知识都需要去实践，才能成为自己的技能。所以，这就需要我们沉下心来做事，把工作当作最好的学习渠道，及时对每天的工作进行反思、总结。通过学习，弥补自己的不足，尽快成为一名胜任职位要求的职业人。

企业进行招聘，目的只有一个：购买员工的专业技能。但对于初入职场的新人来说，最缺乏的就是基本的业务能力。80% 的职场新人往往冲劲有余而经验不足，导致在工作中表现得笨拙和被动。面对这种情况，主动性的学习是每一位职业人弥补欠缺的有效途径。从书本中学习、向优秀的人学习、在工作实践中学习，都是职场新人的成长途径。通过主动性的学习，让自己成为一名胜任岗位要求的职业人。

（二）面对职业瓶颈，学习是职业人的唯一出路

在职场初期，通过主动性的学习，80% 的职场新人都会迎来飞跃式成长。随着时间的积累，逐渐掌握规范的工作习惯、工作思路和方法，对于完成一项基本工作任务，办理交办的简单事宜，已经非常熟练。

但因为初入职场，熏陶有限，对行业格局、企业运作、职位要求的认识相对肤浅。完成工作任务多处在“比着葫芦画瓢”的初级模仿阶段，若志得意满，停止学习思考，一旦执行条件稍有变化，就会手足无措。如果处置不当，会给企业造成损害。

所以，这部分职场人往往会因眼界短浅而卡在瓶颈期，既没有在专业上成长为专家，更没有在职位上得到晋升，导致职场发展之路始终得不到突破。

职场的层级设计呈金字塔形，越往上走，竞争越激烈。放弃学习，就意味着放弃成长。这是因为**过往的知识、经验都只代表过去的积累，**并不一定适用于现在的工作。

一方面，高难度工作任务不断出现。职场初期的学习，聚焦更多的是基本方法和初级的工作思路，让新人基本能够在职场立足。接踵而至的，必将是高难度、高强度的工作任务。这些工作任务，大于工作经验，甚至大于工作能力。如果我们依然按照初期所掌握的业务技能去执行工作，很难承担起自己的职责。面对这种情况，就需要更高效的工作方式，更先进的思维方式，来提升自己的工作效率。例如，作为一名设计师，熟练掌握各种设计软件的使用方法，只是一种入门技能，但如果想要成为一名优秀的设计师，设计出富有风格和特色的作品，就必须提升自己的审美能力，构建自己的设计思路，还要有更完备的知识体系。如果永远只用职场初期储备的技能，或是只一种思路去解决问题，而在效率和质量上没有大的改善，那么不管干多久都是新手。

另一方面，企业在不断发展，岗位需求不断变化，对职业技能的要求也会不断升级。伴随企业规模的扩大和新业务的拓展，职场新人**在初期积累的工作技能，并不一定能持续满足现在的岗位要求，以往积累的能力素质，并不一定一直适应企业的发展。**例如，作为一名品牌运营人员，在企业发展的初级阶段，只要具备网站的运营、活动策划的能力，基本可以处理手上的工作。但当企业发展进入了新的阶段，就需要打造微博、小红书、抖音、快手等运营矩阵，拓展企业的宣传渠道。此时如果不去学习新的运营技能，那一定不能满足岗位的需求。

所以，职场学习，职场新人须臾不离。任何时候都不能让同质化的工作限制了自己的成长。即使现在再强，一旦成长停滞，很快就会被他人淘汰，因为志向高远的职场新人都在成长。

当我们度过了最初的职场生存期，就要通过主动性的学习，不断地升级现有的工作能力，迅速迭代自己的思路和方法。一个擅长学习的人，不会只局限于眼前的工作，**而是会思考这么做的原因是什么，如何才能做得更好，数据和现象揭示了什么，如何才能进一步调整和改善。**这样才能不断适应企业和岗位的发展要求，实现职场跃迁。

国内一线广告创意人郝连会（笔名：东东枪），在2006年进入奥美广告公司创意部，任职文案。在刚入行之时，郝连会经过不断地摸索和锻炼，取得了很大的进步，从一名新人成长为独立的文案。随着工作的深入开展，他慢慢觉得自己已经掌握了文案工作的精髓。

后来，在一次广告标题的撰写中，他意识到自己离一个优秀的文案还有很大的差距。

当时，公司的美国创意总监设计了一张汽车的平面稿，画面上一辆汽车停在一面超大的镜子前。文案写的是“Meet your alter-ego”，直译过来，是另一个自己的意思。而郝连会的任务就是写一句中文版。他照着这句英文写了至少有几十个版本。“遇见新我”“遇见自己”“恰逢知己”等，但都没有通过。当时带他的前辈是奥美“第一文案女王”林桂枝。林桂枝看了郝连会的文案，觉得不满意，让他再想一想。郝连会接着又写出了十几个版本：“正逢知己”“原来你也在这里”“你比我懂我”“世界上另一个我”……他写得很认真，竭尽全力试着用不同语气、不同风格诠释“Meet your alter-ego”，但始终没通过。

郝连会很丧气，他觉得自己“恰逢知己”这句标题已经把意思说清楚了。但林桂枝说：“别急，咱们再看看。”然后林桂枝坐下来，盯着那张画面，看了一会，说：“唉，东东枪，你看这句话写成‘何妨自恋’怎么样？”

那个瞬间，是郝连会做文案阶段最重要的一个瞬间，它让郝连会突然意识到，在这之前，他根本没有入门，根本不知道文案这个工作到底应该如何使劲。

因为郝连会所写的文案，不管是“遇见自己”还是“你比我懂我”，都只是在更换同一个看法的不同说法而已，而“何妨自恋”则是一个新的诠释，超越了“Meet your alter-ego”的解读。这件事让他意识到，在这之前，他让自己的工作陷入了“文字狱”式的遣词造句，仅仅停留在操作上的技巧，并没有解决创意的根本问题。

意识到了这个问题，郝连会决定升级自己的创意能力。当时，前辈林桂枝会给下属们定期开书单，包括《道德经》《中国哲学史》《穿越平行宇宙》等书籍，郝连会利用休息的时间，去阅读林桂枝推荐的文学作品，提升自己对文字的领悟力。

阅读笔记本上写满了自己的感悟，以及一些随机的创意灵感。此外，他抓住一切机会，向林桂枝以及圈内的高手请教，理解高手们文案切入的角度。通过长时间的学习。郝连会掌握了更丰富的素材，训练了创意人的灵活和敏锐。通过不间断的练习，郝连会从一名基础文案，蜕变成为了业界有名的文案创意人。

从郝连会的经历，我们看到，为什么职场上有人荣升进阶的速度像火箭一样，而有的人却慢如龟速，或始终停滞不前。原因就在于，有人在日复一日的工作中，停止了学习，忘记了对工作进行更新升级。所以，只能徘徊在职场底层，得不到提升。

而郝连会的成功，则是来自从初入职场就持续不断的学习能力。初始阶段的郝连会代表了很多职业人的心态：经过了一定的职场历练，就自以为掌握了工作的精髓。但当遇到具有挑战性的工作任务时，能力立刻显得捉襟见肘。但好在他及时地意识到了问题，并且迅速进行了自我调整，通过各种形式的自主学习，不断升级自己的文案技能。所以，才从一名入门文案成长为了一名独立创意人，实现了自我突破。

其实，对于每一个职业人来说，“新”人，都只是一个相对概念。面对不断变化的职业生涯，难度不断升级的工作任务，我们永远都是一个“新手”，每天都会遇到新的问题，接触到新的知识。所以，不管在任何时候，都不能放弃学习，始终要把自己当作一个新人去看待，不断地更新自己的知识储备，迭代工作思路和方法。只有这样，才能突破发展瓶颈，不断适应岗位的需求，跟随企业的发展快速进步。而那些故步自封、不肯学习的职场人，注定会被淘汰。

那在工作中，我们到底应该学什么，怎么学习，才能实现职业上的自我突破?

1. 面对简单、重复的工作，学习新方法

在一天的工作中，70% 的工作均是一些重复性的简单工作。但这些工作往往占据了大部分的工作时间。职场上那些停止成长的职场新人，习惯于用最初掌握的方法去应对这些工作。所以，也导致了自己工作效率的低下。

前宝洁全国零售渠道销售总监汤君健，曾经遇到过这样一个下属。在一个周末，汤君健去办公室取资料，发现这位下属正坐在电脑前工作。汤君健问这位下属在做什么，这位下属告诉他，自己要把两张商品报表里的价格合并在一起做个对比，但是有 1300 多行，周五没有完成，所以就要利用周末把它贴完。汤君健听完，又气又好笑。这位下属很努力，但是他方法却用错了。实际上 excel 里的 vlookup 功能，就可以解决快速匹配、合并报表的问题，而且还不会贴错。但这位下属却沿用最笨的方法去做工作，一方面，浪费了工作时间；另一方面，也阻碍了自我提升。

我们自己在做工作时，是不是也曾像这位下属一样，知道了一种方法，学到了一种技能，就固守着经验一直使用下去，不管它高效与否，被这些重复性的工作所羁绊，无法得到进步。

而那些优秀的人是如何做的呢，当我们在被火急的工作弄得焦头烂额时，有人早已学会了“番茄工作法”，从而将自己的工作安排得井井有条；当我们第二天演讲，前一天还在死记硬背时，有人早已经学会了奥卡姆剃刀法，简化冗杂的信息，记住最关键的重点词，把讲稿串联起来，大大提升自己的演讲能力；当我们还不知道如何在 PPT 中添加动画时，有人早已提升了 PPT 的制作能力，制作了一份排版精美的方案。

所以，想要在工作中实现自我突破，每次在执行重复性的工作时，**首先问一下自己，有什么全新的思路是没有尝试过的。先问一问、找一找，看能不能学习一些快捷的工具，或是新的经验和方法，**而不是死守着以前的方法，麻木地去执行工作。

2. 面对复杂、高难度的工作，学习新的思维方式

面对重复性的日常工作，学习新的方法，可以让工作变得更高效。但面对高难度的、从未做过的工作任务时，需要转变的就不是简单的技巧和方法，而是底层的思维和逻辑，更新思维方式。正如案例中的郝连会，作为文案，他所面临的问题，就不是简单地升级工作方法的问题，而是要改变自己的思维方式。因为他的难题，在于他把自己当作了一个遣词造句、铺排文字的手艺人。而一个好的文案，遣词造句不是最重要的，最关键的是对事物的洞察和切入角度。他意识到了自己的问题，转变了这个错误的思维方式，所以，才实现了真正的进步。

作为一名新媒体运营专员，按照微博、小红书的运营方式去做品牌维护时没有问题，但如果工作阵地转移到了抖音、快手等新的运营平台时，就要转变运营的思维方式。

作为一名销售，初入职场时，按照固定的销售渠道和接待流程，基本可以完成自己的工作。但如果想要获得新的突破，就必须应用更高效的流程，提炼

出更贴心的产品、服务组合等。

所以，当接收到新的、具有挑战性的工作任务时，一定要跳出惯常思维的舒适区，把过去的经验和现在的工作要求区别开来，去学习新的思维方式。这样才能胜任高难度的工作，跟随着企业的发展一起进步。

谷歌CEO桑达尔·皮查伊曾经说过，比编程能力更重要的是学习能力。不管在任何行业，做任何工作，学习能力比起工作能力，都要重要百倍。只有不断学习新的方法和工具，才能提升重复性工作的效率，只有不断转变思维方式，才能承担起超出能力之外、经验之外的工作任务。

所以，作为一名站在职业生涯起点的新人，我们首先要树立起一种主动学习的紧迫意识。在职场初期，通过主动学习，掌握工作中的新知识、新技能，培养自己的核心竞争力。这样，即使在最初各种条件都落后于人的情况下，也能脱颖而出。不仅如此，在整个职场初期，我们都要坚持主动学习的意识，不断更新自己的知识储备，迭代自己的工作技能，才能打破职业瓶颈，不断实现自我突破。只有经历了这两个阶段的淬炼，我们才能成就强大的自我，成长为一名企业需要的职场英才。

大多数人的职业道路，都是从新人到精英一路走来的，这一路通过主动地学习，磨炼一项技能，选定一个领域，扎根一家公司，并且靠着自己的努力打拼，在未来获得一个长期而成功的职业生涯，这应该是每一个职场新人所期待的成长路径。

但是当跳脱出现实的日常工作，进入社会的层面来看待一个人的职业发展，我们所面临的问题是：社会每时每刻都在变化和前进，**我们期待的成功，随时会被不断变化的社会打翻，**预想的职场结构和我们当下所经历的截然不同。那如何应对这种变化获得职业上的可持续发展呢？答案就是：**持续学习。**

二 / 社会每时每刻都在变化和前进，只有持续学习才能适应当前的社会要求

（一）进入 21 世纪，变化是这个世界永恒的主题

短短三十年的时间，世界经历了从 2G 到 4G 的变革，并且正在慢慢过渡到 5G 时代。

2G 时代，手机的普及及短信功能的上线，改变了人们的交流方式。

3G 时代开启了智能手机时代，QQ、微信、微博等依赖网络而生的社交软件开始兴起，图文取代了纯文字，成为主流的交流方式。同时，淘宝和各类购物网站的诞生，极大地改变了社会的商业模式和人们的消费习惯。

4G 时代则引领了移动互联网的爆炸式发展。智能手机和 App 的快速增长，让移动支付、共享经济、网络社交等曾经幻想的生活方式成为可能，以抖音、快手为代表的短视频软件开启了短视频社交的元年，成为大众主流的社交方式，图文交流的模式逐渐被取代。

如今，5G 技术已经渗透到社会的各个角落。在中国，阿里巴巴的无人酒店在杭州开业，随之而来的是智能化的无人超市、自动加油站、无人快递、无人餐厅的进一步推广普及。而 5G 的到来，也必将以新的形式，颠覆现有的社交方式。而这一切都无不在印证一个道理：**社会不变的主题就是"变化"。**

而科技的每一次迭代，必然带来商业模式和消费的变革，随之而来的则是职业需求结构的变化升级。这种变化主要表现在两个方面：一是职业发展空间的变化，二是工作性质和内容的更新。

1. 职业发展空间的变化

以社交平台为例。3G 时代，国民微信上线，随后推出了订阅号的功能。催生了一大批内容创业者，围绕内容挖掘、编辑和传播，形成了无数新媒体运营的职业。部分具有敏锐眼光的传统媒体人开始转战自媒体，寻求职业的转型。

例如电视媒体出身的罗振宇，离开央视，创办了微信公众号逻辑思维，而他本人也借助微信公众号的平台，从幕后走向了台前，踏上了新的职业道路。

4G时代，以抖音、快手等短视频软件为载体，催生了一大批短视频从业者，来自各个行业的人纷纷借助短视频平台，拓展自己的职业发展空间。其中，以李佳琦和李子柒两大现象级网红最为典型。以李佳琦为例，在抖音爆火之前，他是一位线下妆柜的销售员。2016年，李佳琦进入电商直播行业。2017年，入驻抖音，在没有任何推广的情况下，凭借口红试色的种草视频，迅速在抖音走红，成为了年收入千万的带货网红。其职业之路随之进入了一个新的层次。

5G时代的到来，必将带来社交形式的变革。新的职业结构也将随之变化。在未来，每个人必将面临更加广阔也更加复杂的职业发展之路。

2. 工作性质和内容的更新

伴随着技术的变革，当下工作的性质和内容，必将在潜移默化中被改变。以技术岗为例，2017年，阿里巴巴公司推出人工智能设计师“鲁班”，这款设计软件通过不断学习、练习，掌握了海报设计的所有套路风格，一秒钟可以设计出8000张海报。所以，人类设计师从业者想要在未来的职业道路上不被人工智能取代，就需要贡献更多的创意思维，而不是重复技能的熟练。

除了技术岗，行政岗亦是如此。以秘书一职为例，在以前，秘书的其中一项职责是负责领导的日常事务及行程安排，例如预订机票、安排住宿。但随着大众点评、携程等手机App的上线，以及微信、支付宝等支付软件的应用，领导在自己的手机上即可实现预订，无须再由秘书代为办理。所以，未来的秘书一职，在工作内容上有所调整，需要在管理、执行等方面加强自己的专业能力。

科技的更迭不会停止。未来，每个人的职业发展路径必将时刻发生着变化。

台湾地区生涯咨询研究者金树人先生曾经说过“生涯之学，乃应变之学”。

科技的迅猛发展时刻提醒着每一个职业人，**未来根本没有稳定的行业，更没有稳定的工作。**在这个瞬息万变的时代里，知识老化的速度越来越快，过去的方法和规则不再适用，经验的价值在慢慢降低。一个人再也不可能凭借在学校所储备的知识，安然度过一生。如果个人的知识库没有跟随社会的发展进行更新、拓展，随时都可能被社会淘汰出局。

所以，面对不确定的职业生涯，每一个职场人永远都是一位“初学者”。**未来，想要跟上时代发展的步伐，就只有一条路可走，那就是持续不断地学习，坚持不懈地自我更新。**唯有如此，我们才能适应当前的社会要求，拓宽职业发展道路。

对于职场新人而言，持续性的学习是紧迫的职业发展策略。持续性的学习指的是有选择、有纪律、有计划地学习。首先在既定领域进行深耕。其次，就是时间上的持续投入。在正常工作之外，有效利用业余时间，进行补充和延续。只有在方向上坚持专精，时间上保障投入，才能实现持续的进步和成长，从而脱颖而出。

（二）深耕本职专业领域，实现持续精进

持续学习是当今时代的一项硬要求，但很多职场新人在学习时，首先在方向上出现了迷失，面对这个存量巨大、更新速度飞快的知识海洋，有的职场新人什么都想学，什么都要学。往往一个领域尚没有学透，就跳到了另一个领域。最终导致的结果，就是每个领域，都是泛泛而学。这样的职场新人，就像一个永远也挖不到水的打井人，处处挖坑，却迟迟见不到成效。

职场新人的持续学习，首先就是要把握好方向，明确重点。所谓“吾生也有涯，而知也无涯”，知识技能的海洋浩瀚无边，任何职场新人穷其一生也不

可能学尽所有的知识。而学习存在一定的时间成本和机会成本。所以，在有限的时间里，学习一定要“抓住中心，宁精勿杂，宁专勿多”。

尤其对于职场新人来说，我们的学习更要有选择、有重点，首先就要选择在自己的本职专业领域进行深度学习。

一方面，在未来的智能时代，AI 虽然会替代大部分的机械性、重复性的劳动，但是深度的、具有创意性的工作是当今机器人无法匹敌的。能够在 AI 时代领跑的人才，一定是具备深度专业能力和创造力的人才。那些在本职领域浮于表面的人，要么是被竞争对手替代，要么是被 AI 替代。

另一方面，高度分工是现代社会的一大显著特征。社会分工越细，对人员的专业度要求越高。你可以是程序员里最会写作的，设计师里最懂销售的，但如果在自己领域内做不到优胜者，一样找不到用武之地。**因为任何职业通道，到最后比拼的都是业务的专精程度。**

正如，李佳琦之所以能从一个月薪几千元的柜台销售员成为年收入千万元的带货网红，最根本的原因在于他超强的专业能力。在爆火之前，李佳琦本人有长达 6 年的美妆研究、3 年的直播历练，并且对各种美妆产品熟稔于心，才促成了之后的厚积薄发。而罗振宇之所以能够快速完成传统媒体到新媒体的转型，是因为不管媒体形式如何变化，世界依然需要优质的内容，罗振宇只是换了一个平台，继续输出优质的内容，做的依然是自己专业的事情。

所以，在变化越来越快的时代，**我们的核心能力，不再是一项泛泛粗浅的职业技能。只有专精，才能磨砺出削铁如泥的锋刃，**让职场新人在职场摧枯拉朽、攻城拔寨、无坚不摧。所以，未来有效的持续学习，首先要在自己的本职领域，舍弃一些不该学的东西，进行持续的深耕。把时间、精力、心力专注到一个领域，达到精通的地步，这样才能打造出生存的长板，在这个激烈竞争的时代立足。

香港设计教父陈幼坚，正是从初入职场就开始持续不断的学习，成为了设计行业的创意大师。

20岁时，非科班出身的陈幼坚进入了一家外资广告公司做学徒。为了尽快适应工作，他报名参加了10个月的夜间设计课程。每天晚上下班后，他就着急忙慌去学习系统的设计知识，这是他人生中唯一一次接受正规设计教育的经历，为他以后的爆发奠定了基础。

夜校课程结束后，虽然离开了正式的学校，广告公司却成了他的另一个学堂。从20世纪70年代开始，他陆续接触到了来自英国、美国、澳大利亚等不同国家的设计高手。陈幼坚虚心拜这些高手为师。工作期间，利用一切机会向他们请教。慢慢地，陈幼坚在与国际设计师相处的过程中，接触到了国际化的设计理念。为了开阔自己的视野，陈幼坚一边阅读西方书籍，理解西方文化的语言风格，另一边研究中国传统文化的美学内核。通过自己长时间研究，他对东西方文化的异同有了更加清晰的理解，逐渐开始从异国文化的角度审视中国东方文化的韵味。他的设计作品开始体现“东西方融合”的独特设计思维。

很快，靠着前期大量的学习积淀，年纪轻轻的陈幼坚开始爆发，先后设计出罗西尼手表、可口可乐中文字体等经典作品，成为香港最具潜力的设计师。随后，凭借“东情西韵”的设计理念，陈幼坚开始在纽约、伦敦、东京等地区声名大噪，设计作品更是层出不穷。

陈幼坚成为了一代创意大师。

当被问起成功的经验时，陈幼坚回答道，一个成功的平面设计师，仅靠天资是远远不够的，必须付出所有的精神、时间和努力，不断地学习，成功才有可能发生。

从走入设计行业开始，他几乎一天都没有停止过学习。陈幼坚靠着对设计专业的精耕细作，在风云变幻的广告行业脱颖而出。

在这个快速裂变的社会，没有人生来就拥有应对变化的能力。那些在职业生涯中，始终处于上升状态，且没有被淘汰出局的职场人，无一不是通过持续性的学习，打造出了核心竞争力，才在多变的职业环境中站稳了脚跟。

正如陈幼坚，他的成功来自比其他人更早地专注于设计领域，并且通过持续性的学习，不断地精进和沉淀，让自己达到了行业内的顶级水平，构建了自己在设计领域的不可替代性。不管广告行业经历多少变革，陈幼坚都能凭借自己的专业能力，始终领跑。

在未来时代，每一个职场新人，都有成为高手的机会。根据漫画家斯科特·亚当斯系统前 25% 的法则，当人的某项技能达到了前 25% 的水平，基本上就可以成为某个领域的高手，也就拥有了对抗变化的能力。

所以，对于每一个职场新人来说，面对无法预料的职业生涯，我们首先应该深耕本职专业领域。通过持续性地学习，把专业水平修炼到极致甚至卓越，成为行业的前 25%，甚至 20%、10%。只有抓住永恒不变的东西，才能从容应对千变万化的职场环境。

那如何在专业领域内培养内在稳定的能力呢？从以下三方面，进行持续学习。

1. 从书籍中学习

在知识获取方式中，读书永远是第一首选，尤其是对于专业领域的学习。偶尔听一次课，闲暇时阅读几篇公众号的文章，并不能建立起对一个领域知识的整体认知，顶多触及皮毛。而想要在一个领域内达到专精的效果，就要避免缺乏思考的零散式阅读，而是要系统性地学习。

首先就要“求精”，读精品书，读经典书。在学习时，可以选择 3～5 本该领域经典书籍，细细品读，打好基础。多方面、多角度理解该领域的基本框架和思维方式，并且要踏踏实实地用几个月时间，反复读上 5 遍，方能达到效果。

其次，就是“求当”，就是恰到好处，所选的书籍要适合自己的能力水平。同一个领域的书籍，在内容的偏重、难易程度上也会有很大的差别。有些书偏重理论，有些书偏重基础，有些书偏重案例应用。我们应选择与自己能力水平相符的书籍。避免一上来就选择读起来艰深的经典书，可以先从一本简单明了的入门书籍开始，慢慢过渡，等专业水平提升到一定程度时，再加大一点难度，找到与自己水平符合的书籍。

在实际学习中，我们可以通过看推荐和看目录大纲的方式购买适合的书籍。

看推荐：一是请专业人士或前辈推荐，他们一般对行业有相对深刻的认知，并且有更好的视野与判断力，通过他们的推荐，来帮助我们进行筛选。二是网络推荐：可以参考豆瓣读书、豆列、知乎、简书等各类权威网站的书单推荐，根据其他读者的评分来综合判断。

看目录大纲：一般来说，目录是一本书精要的高度概括。可以通过目录，大致了解这本书的框架和主要内容，来判断是否适合自己。最好试读几页，更好地把握书的质量。

挑选到合适的书籍之后，就要花费大量的时间，反复地阅读。过程中，最重要的是做好读书笔记，及时记录看法和心得。并且要善于用自己的语言总结出书的逻辑脉络，提炼出自己的观点。

如何从书本的阅读中达到学习的效果？关键在于阅读后的输出。因为读过，并不代表是自己的知识。每阅读完一本书之后，应专门花时间进行深入思考，记录阅读时的想法，认真写书评或是写读后感、制作思维导图。顺着书的逻辑，找到作者要表达的核心思想，形成整体的知识地图。这样的学习，才是有用的。

2. 向优秀的人学习

想要在一个领域内达到专业水平，书本的学习是其一。在实际工作中，最重要的学习通道是他人，尤其是优秀的个人。从书籍中学习的是专业知识的系统认知，从而拓展看问题的广度和深度。通过向优秀的个人学习，掌握的是处理专业问题的思维方式。

前文我们提到，对于职场新人而言，身边的标杆同事、前辈、行业专家，都是值得学习的优秀对象，关键问题是如何学，学什么。

1）向优秀的同事学习做事方法

对于职场新人而言，最好的学习对象，是身边的同事，尤其是展现出能力和影响力的优秀同事。因为处于同一个工作场景中，他们所展现出来的处理问题的方式方法，比书籍来得更加真实、生动。这需要我们用心观察、真诚请教和及时反思。

观察：细心留意他们的工作习惯和行为方式，尤其是面对一些比较棘手的专业问题，看看他们是如何处理的，从中学习方式方法。

请教：带着自己的问题和思考去寻求指点，了解他们的思考模式，找出自己的不足之处，从而优化自己的专业能力。

及时反思：把从他人身上学习的知识做反思总结，并且在遇到问题时，多想一想，如果换作是他，会如何看待这个问题，将采取何种行动。通过与自己对比，找出差距，弥补不足。

以拜访客户为例，如果有机会和优秀的同事一起合作，就可以观察一下，其前期的准备工作，与客户约见时采用的话术以及后续的跟踪回访等。如果在这个过程中，有什么问题和不理解的地方，在自己提前思考的前提下，以真诚的态度向其请教，这会帮助我们更加深刻地理解这一问题。同时，要对学来的知识进行思考再造。例如，当接触过一定量的客户之后，可以试着划分客户的类型，刻画每一类客户的核心特征，并建立起与之相对应的话术体系，持续地进行优化改进。这样，我们的成长一定会得到飞速提高。

2）向领导学习思维方式

在一个公司里，优秀的领导大多是处理事务的高手，多年的工作经验，让他们形成了自己的一套工作逻辑。并且他们会站在更高的层次上看待问题，对我们的工作具有非常强的指导意义。

以一场房地产的公关活动为例，一名普通的活动策划师，考虑更多的是活动形式是否有趣、请来坐镇的嘉宾能否吸引到受众参加等基础的层面。而一个优秀的领导则会从客户公司的喜好、项目所处的营销阶段、品牌的调性以及整个房地产大环境等多方面考虑，从而给出一个综合的形式建议。位置、经历不同，就会导致看待问题思路的不同。如果我们抓住一切机会，学习前辈、领导看待问题的角度以及处理工作的思路，一定会对专业能力的提升大有裨益。

3）向行业内的高手学习，打开视野、格局

每个行业每个领域，都有引领发展的领军人物。他们一般在行业内深耕细耘多年，并且对行业的认知跳出了当下工作的局限，拥有更高的视野，同时也更加紧跟时代，符合当下行业的发展。

向行业内的高手学习，有很多的途径和渠道，尤其是当今互联网的迅猛发展创造了很多的条件和可能。我们可以搜索相关的资料，了解其职业发展的历程。如果有条件，尽可能增加近距离接触的机会，参加线下交流讲座。

现在很多行业高手非常乐意对外分享，会在网上开设课程，我们可以在喜马拉雅、得到等各种知识分享平台上购买系列课程，或是阅读其所著书籍。这些都是学习的渠道。

3. 在工作中学习

学习知识点，是提升专业能力的第一个层次，但没有一个领域内的高手，是仅仅靠学习知识就能完成的，他们无一不是在实践的摸爬滚打中成长起来的。不管是从书籍中学习的知识，还是从优秀人身上学到的技能、思维方式，都需要在工作中运用、验证、练习。之后，再经过个人的反思、总结和提炼，才能真正转化为自己的专业能力。

所以，掌握某个领域的能力，最关键的是做。工作，是最真实的学习场景。我们应按照“学习—实践—反思—再学习—再实践”的顺序，不断循环，才能完成整个学习过程，达到学有所成的目的。

第一步，通过书本、优秀的个人，学习各种知识点和技能。

第二步，实践，做起来。认真对待工作中的每一项工作任务，搞清楚知识技能运用的情景。

第三步，思考总结。在做任何一项任务时，我们都不应该满足于完成。应在任务结束之后，做好反思总结工作。分析任务的完成情况、出现的问题以及解决的方法，建立自己解决问题的思路，从而达到举一反三的目的。

根据实践的反馈，不断调整学习计划。接下来，是新一轮的学习和实践过程。通过这样循环往复的过程，我们会发现很多的问题、状况都遇到过了，并且也形成了一套自己的解决方案，随着时间的累积，我们的专业能力会得到质的提升。

在阿里巴巴内网上，有一位程序员，被贴上“少林扫地僧”的标签，他就是蔡景现，化名多隆。

作为淘宝第一代程序员，淘宝搜索引擎都是蔡景现一人在开发、维护。

多隆做事，一个人能顶一个团队，例如说写一个文件系统，别人很可能是一个项目组，甚至一个公司在做，而他都是一个人在很短的时间内就完成了。在 2014 年，他成为阿里合伙人，在阿里职级是 P11（最高的技术岗位），相当于副总裁级别。

当同事问及他是如何成长为“大神”的时候，多隆回答说：“在问题中不断学习。”

进入淘宝后，他跟随着淘宝业务的发展一起成长，不断地积累经验。在这个过程中，他遇到了很多的问题，这些问题促使他不断去学习各种知识和技术。并且每学一个知识点，多隆都会反思总结，找到知识点实际运用的工作场景，并且会写一段代码去验证。一方面是练习，另一方面也让他加深理解，直到真正掌握这个技术。通过对技术的融会贯通，多隆也更加熟练地应对层出不穷的其他技术问题。

正是通过不断地学习新知识、练习实践、反思总结，多隆成为了业内备受认可的技术牛人。

工作，是学习的一种手段，只有从工作中提取出了可以重复使用的经验、方法、逻辑、理论，才达到了学习的目的。在工作中，职场新人应像多隆一样，在做事中学习，边学边反思，建立自己的解题思路，达到举一反三的目的，快速提升专业能力。

在未来，变化的是职业环境，不变的是稳定的内在能力。通过从书籍中学习、向他人学习、在工作中学习，不断地在一个领域内持续深耕，才能打磨出稳定的专业能力，轻松应对未来的变化。

对专业能力的学习，除了找对方向、找到学习的对象和方式外，**最关键的问题是时间的投入，这种投入，不是职场初期三分钟的热度，而是持续到真正掌握所从事领域的核心技能。**所以，这就要求我们充分利用好自己的时间，尤其是业余时间。

（三）利用好业余时间，实现有效的持续学习

每一个职业人，从学校进入职场，不仅仅要经历从“学生”到“职业人”身份的转变，更重要的是时间模式的变化。

每一个人每天除了八小时的工作时间、八个小时的睡眠时间，还有剩余八小时的业余时间。八小时的工作时间，我们需要做工作、执行任务，是一个对外输出的过程，大块儿的时间被日常事务所占据，而睡觉时间相对固定，只有业余时间可以自由支配。

八小时工作时间决定现在，业余时间决定未来。

八小时工作时间，决定着我们的社会角色、职业地位……只要环境、条件、机遇、投入相同，人的差异基本相差不大，但如何利用八小时之外的业余时间，则决定了职业的高度。

在公司中，我们经常会看到这样一个情况，同一个公司的两个职场人，明明所做的工作内容和强度大抵相同，基础条件也相差无几，但不同的人却呈现出不同的成长速度，原因就在于对业余时间的利用程度。

有人认为八小时的工作时间就是自己的一天时间，每天把自己的工作处理完工之后，剩余的则是完全的休闲时间，应该放松一下，奖励自己。于是，把

时间都耗费在娱乐消遣上。当然，适当的娱乐对每个职场新人来说都是必要的。但如果长期把有限的时间都用在娱乐的消遣上，那无疑是对人生的一种浪费。**因为人与人之间的差距就是在一点点浪费中拉开的，一并失去的是对未来的应变能力。**

纵观职场上那些拥有非凡成就的人，无论是领导、上级还是同行精英，决定他们在各自圈层中脱颖而出的因素，除了智商、人脉、背景、资源之外，最重要的就是从职场初期就懂得利用业余时间去学习、精进自己的专业技能。这种学习能力让他们很快在众多职场新人当中脱颖而出，成为了时间的受益者。

所以，如果我们想要通过持续学习，打造出具有不可替代性的专业技能，就需要把业余时间充分地利用起来。

德国科学家科乐曾经利用了三年的星期天，破解了“2 的 67 次方到底是质数还是合数”这一数学界的难题。著名数学家苏步青利用两年多的“零头布”业余时间写出了 16 万字的《仿射微分几何》。鲁迅把别人喝咖啡的时间用在了写作上，创作出了《呐喊》《彷徨》等优秀的文学作品。

科乐、苏步青和鲁迅，这些各个领域的牛人，用他们的亲身经历证明着这样一个道理：工作时间决定现在，工作之外的业余时间决定着未来。他们的成就，首先来自对所从事的领域的坚守，其次则是利用业余时间持续不断地学习和精进。

他们每天做的事情其实和我们差不多，只不过会在下班之后多阅读几页书，多接触一些新知识，看起来只是多学习了一点点。这一点点看起来甚至有些微不足道，甚至很普通，普通到我们不觉得做了这些事情会有多大的改变。但是，人与人之间的差距就是这样一点点拉开的。直到有一天，我们忽然发现，自己无论如何也赶不上。

他们的成功之路，给每一个职场新人，提供了一个可以效仿的路径：利用业余时间磨炼自己的专业技能。如果我们每天都会拿出一定的时间去学习本专业的一些新知识，每天积累一点点，在时间的累积下，这些智力资本就像滚雪球一样，越滚越大，最终会让我们脱颖而出，走在他人的前面。

业余时间的价值，对职场新人来说，是如此的重要。但由于这部分时间是由个人支配，缺少了一份来自外界的监督，所以，很多人会不自觉地把这部分时间用于休闲娱乐，而不是学习，导致大部分职场新人对业余时间的利用率非常低。那我们该如何才能把业余时间利用起来，关键要做到以下三点。

1. 制订学习计划和记录

在时间的“三八理论”中，八小时的业余时间，只是一个相对的概念，真正能够拿来用于学习的大块时间，其实短得可怜。

以一个普通的上班族为例，从五点半离开公司到十点半上床休息，这中间只有五个小时。再除去下班路上的通勤时间以及吃饭洗漱时间，剩余的时间，其实只是从八点到十点这短短的两个小时。甚至这短短的两个小时还有可能会被其他琐事侵占。可见，用于学习的业余时间是如此稀缺，漫无目的的学习，同样是在浪费时间。

所以，为了能够有效地利用这部分业余时间，达到有效学习的目的，首先就要制订相应的学习计划。

一个领域的专业知识和技能，涉及很多的方面，就像房子一样，有地基、有墙面、有房顶。**而学习的过程，就是一个搭建房子的过程。**首先要根据所学内容建立阶段性的学习计划。这个计划要明确、具体、结果导向，并且要确定好自己每天要花费多少时间用在计划的实施上。

例如，如果想要成为一个优秀的策划师，不仅要学习市场营销学、客户心理学，还要了解活动方案撰写以及媒体投放等知识，这么庞大的学习内容，并不是靠几个小时、一两天的时间就能完成的。所以，就需要根据自己所处的阶段，制订阶段性的学习计划。坚持把每天短短的两小时时间，有效地利用起来，使之成为“正业”的延续和补充，从而提高专业技能的精练程度。

2. 把业余时间的学习，锻炼成一种习惯

利用业余时间学习，制订学习计划是第一步，最关键的是长期执行这个计划。但很多职场新人在学习时，怀揣的是一种错误的速成心态。希望学习就像打游戏一样，完成一个动作可以马上得到反馈。但真实的学习是一个需要领会、内化、练习的事情。所以，很多职场新人在学习的过程中，总是三天打鱼两天晒网，这样的学习毫无意义，只会在低效率中浪费掉珍贵的学习时间，陷入恶性循环。

所以，面对这种情况，我们需要养成一个有规律的学习习惯。首先，选择一段适合自己的固定时间，例如，有的人习惯在睡前进行阅读或学习，有的人喜欢在早上学习。

找到自己真正适合的习惯之后，就要试行一段时间，摸索到自己能承受的程度，然后把行为模式化。例如，准备每天晚上 8:00—9:00 进行阅读，就可以按照这个标准试行 21 天，记录自己在这 21 天的完成情况，检验一下所定的目标是否合理，然后根据目标进行调整和优化，通过不断地重复、坚持和巩固，最终形成一个模式化的习惯行为。

当我们把学习当成一种习惯，持之以恒地坚持下来，就不难发现，专业知识的储存越积越多，工作能力也会在潜移默化中得到质的提升。

机会是留给有准备之人的。想要获得什么样的成就，就得付出什么样的努力。所以，每个职场新人都要认真审视一下：到底该如何利用八小时之外的业

余时间？选择把业余时间花在休闲娱乐上，还是有计划地把时间花在专业技能的学习上，将会决定我们是否能在职场初期脱颖而出。

我们正在经历一个快速变化的社会，一切发展都太快了。如果认知水平还停留在从院校毕业的阶段，那么风险来临时，较低的抗风险能力会让我们失去所有。而持续学习的能力有多强，就代表着一个职场新人未来的职业发展能走多远。

所以，对于职场新人来说，持续学习，首先就要选对方向，深耕自己的本职专业领域，打造自己的不可替代性。因为未来职业发展的趋势是越来越细分，不坚守自己的领域，就很难做出超越别人的成就，这也是一个职场新人生存的基础。在选定方向之后，要不断地从书籍中学习、向他人学习、在工作中学习，并且要充分利用业余时间，制订学习计划，养成良好的学习习惯，实现持续的自我成长。这样，我们才能在职场生涯初期夺得主动，认识变化，拥抱变化，适应变化，脱颖而出。

有一种力量，没有任何人能够阻挡，那就是时代趋势。从学校进入社会，影响人一生的职业生涯才刚刚开始。**社会技术的变革、职业结构和环境的演变，让每一位职场新人，不得不成为一名主动学习、持续学习的紧迫自我教育者。**

所以，每一个职场新人从学校毕业后都要主动学习，并且持续不断地学习，因为我们只有全力地奔跑，不断地学习，才能跟上时代进步的步伐。在初入职场的过渡期，我们要通过主动性的学习，去掌握做事的方法，培养自己的专业技能，让自己尽快成长为一名胜任的职业人。

当我们跳出现实的工作，将一个职场新人的发展放在整个社会竞技场中去考量，面对无法预知的社会变化，除了主动学习，还要持续性学习。

首先在方向上，选定本职专业领域进行持续学习，打造出职业的“不可替代性”。当我们具备了高、专、精的专业能力，变化与不确定将成为促使我们脱颖而出的推动力。

其次在时间投入上，要有效利用起八小时的业余时间，为自己制订学习计划，培养良好的学习习惯，实现持续性地自我成长。

未来社会虽然不断变化，但总有有心的职场人脱颖而出。变化越快的时候，机遇也藏在其中。只有持续学习，不断成长，才能适应社会的变化。所以，我们要让学习成为贯穿职业生涯的行为习惯和自觉行动，不断地强大自己、提升自己。愿每一位职场新人都奔跑在成长的道路上。

【本节要义】

1. 面对技术的变革，职业结构和环境的演变，每一个职业人都需成为主动学习、持续学习的紧迫自我教育者。

2. 学习的三大途径：从书籍中学习、向优秀的人学习、在工作实践中学习。

3. 学习的策略。

（1）在方向上，深耕本职专业领域，打造个人的不可替代性。

（2）在时间投入上，有效利用业余时间，实现持续性地自我成长。

【思考题】

1. 学习最大的障碍是什么？如何克服？

2. 您思考过自身学习的方法吗？是否满意？

3. 您想如何通过学习、迭代、更新实现脱颖而出？

1997年，华为着手执行“屯聚人才”的战略，开始每年在全国范围内招聘大量应届毕业生。

1999年，在新员工培训会上，华为总裁任正非告诫初入职场的新员工，其首要任务就是：自我批判、脱胎换骨、重新做人，做个踏踏实实的人。在这里，他所指的不是广义上的“做人”，而是特指“做职场中人”。任正非说：“校园文化与企业文化是不相同的。校园文化没有明确的商业目的，只是教会学生如何做人。企业文化有明确的商业目的，一切要以商业利益为中心。”所以新员工进入职场后要重新做人。实现从“校园人”向“职业人”“企业人”脱胎换骨的转变。

从1999年到现在，大约有10万应届毕业生入职华为，开启了“重新做人”的成长之路。20多年来，一批又一批的应届毕业生从稚嫩青涩的职场新人，被锻造成了攻城略地的技术精兵，完成了脱胎换骨式的突破与新生。

“脱胎换骨，重新做人”，是华为无数新员工向职业人转变的必经之路，更是每一个职场新人实现飞跃发展必须经历的一种蜕变。

离开校园，走上工作岗位，职场新人面临的首要问题就是如何实现从学生到职业人的转变。“学生”和“职业人”，这两个不同的身份背后，在知识、技能、经验等方面存在着本质的不同。

此时，职场新人处于一个专业知识储备不足、职业技能不足、工作经验不足的三无阶段。一方面，职场新人在校所习得的专业知识，与现实的企业需求存在着一定的差距；另一方面，职场新人所掌握的、有限的理论知识由于缺乏工作实践的历练，尚未转化为业务能力，并不能理解、胜任岗位的职责要求。

虽然大多数企业愿意为职场新人提供一次工作机会，但绝不会接受其在工作岗位上毫无成长。**因为企业需要的是一个具备专业技能、能够解决问题并且能够产出价值的员工。**初入职场的新人如果不蜕变成长，依然以一个“三无学生”的状态在职场生存，最终一定会被企业淘汰。

所以，职场新人要让自己从一位“三无新人”，蜕变成为一名合格、胜任的职业人，只有这样，才能应对职业生涯的挑战，开启更为广阔的职业人生。而这个“脱胎换骨，重新做人”的过程，也即是灭生的过程。

一 / 不灭，无生

华为在1997启动“屯聚人才”的战略后，当年在全国范围内招聘了700名应届毕业生；1998年，应届毕业生的招聘人数达到了2000人；1999年更是达到了4000人之多。目前，华为每年平均招聘5000名优秀毕业生入职华为。

华为历来注重新员工的导入和培养，而任正非之所以将“脱胎换骨，重新做人”作为职场新人的一项硬性要求，除了前文所提到的职场新人本身所存在的天然不足，还有一个最关键的外部原因，就是激烈的职场竞争。

每一个新员工，从入职华为的那一天起，想要在华为的平台上脱颖而出，不仅仅面临着同辈人的竞争，还要面临着早先入职同事的竞争，面对的不仅仅是同岗位者的竞争，甚至还有来自不同岗位者的竞争。作为应届毕业生，不灭掉自身的“不足”，就无法在职场获得新生；不先人一步脱胎换骨，实现蜕变，随时都会被他人所取代。这不仅仅是华为新员工所面临的挑战，更是每一个初入职场的新人所必须经历的挑战。

专栏作家熊太行曾说过：“职场竞争并不是一个你死我活的修罗场，它其实更像是一个秀场。”竞争者需要向企业展示自己的专业技能和业务水平。**企业希望看到的是不同下属身上不同的专业所长，然后将他们安排到合适的地方，在各自的岗位上产出价值，**推动企业的发展。所以，在职场竞争中，那些展现出高度专业资质水平的职业人更容易脱颖而出，从而在职业生涯中创造出非凡的成就。

（一）职场新人只有经历蜕变升华，才能在职场竞争中脱颖而出

对于职场新人来说，如何成长为一名合格、胜任的职业人呢？**最有效的努力途径是在选择所从事的专业领域，对所需的专业技能持续不断地精耕细作，使之达到一定的专业资质，具备岗位职责所要求的素质和能力。**

每一种职业都有一套相应的职业资质要求，当从业人员达到了一定的标准，就可以获得一定的资质证明，例如会计从业人员所持有的会计从业证书，律师从业人员所持有的律师资格证书等，它是执业能力的一种证明。只有具备了一定的专业资质，才能为企业提供高价值的专业服务，这构筑了一名职业人的核心竞争力。

因此，拥有职业资质是职业化最基本的要求。想要成为一名职业人，必须具备一定的职业资质。**当然，对于无法提供可视化资质证书的职业来说，具备了专业领域所需的业务能力和专业经验，并且能够高效、高质地满足岗位的职责要求，在专业领域有所造诣，有所成就，也可称为具备了一定的专业资质。**

专业资质的修习从来都不是一蹴而就的，是量变引起质变的一个过程。每一个达到了专业资质的职业人，无一不是在工作中持续不断地精进业务技能，深入提高个人的素质和能力，才具备了相应的执业能力，完成了由内而外的蜕变。

1997 年，华为数据中心总监徐家骏大学毕业后，进入华为，担任 ERP 系统管理员兼 DBA 一职。入职之后，徐家骏发现自己对 ERP、Oralce 操作系统几乎是一头雾水，经常在工作时，发现自己对接收到的系列数据问题不知该如何处理。当时的徐家骏面对几万条的数据，只能一批一批地测试，完全手工操作，费时又费力。徐家骏每次需要做几十遍，才能找到 Bug 并交给 Oracle 处理。

为了弥补理论知识上的不足，徐家骏开始了专业知识的学习。每天利用休息时间阅读《*ORALCE ADMINISTRATOR GUIDE*》等一系列国内外的专业书籍，并写下了厚厚的阅读笔记。专业知识的学习，对徐家骏的工作产生了巨大的助力。工作中处理问题时，他开始有了更加清晰的思路和更加全面的认知。

当时，他所负责的系统极其不稳定，经常会遇到系统进程忽然关闭、空闲进程过多需要杀掉以及用户提交不了、不合理的并发程序需要中止等问题。面对这些问题，徐家骏选择从专业技术出发，做了一系列的改进工作。不断地升级系统硬件、撰写自动脚本等维持系统的运行。

那一段时间，徐家骏每天对系统的运行保持一种高度的紧张状态。一次，徐家骏在外出差，同事打电话说系统运行出现了状况，徐家骏立即电话连线进行处理，经过几个小时，临近崩溃的系统终于重新好转。

正是工作中的一系列挑战，让徐家骏的专业技术得到了飞速的进步和发展。当时，数据库的问题严重影响了系统的运行，徐家骏凭借一己之力，找到了逻辑严密的解决方案，并且成功升级了 ERP 系统。

不仅如此，有一次，公司的 E-mail 系统突然出现了故障，导致海外大量的来信无法接收。公司请来了各路专家，日夜攻关，依然没有找到故障的原因。在大家濒临崩溃之际，徐家骏和另一位同事一遍又一遍地利用“二分法”进行测试，一直持续了五六个小时，并最终在深夜找到了 Bug，修复了 E-mail 系统，使之良好运转。徐家骏把这件事当作是他职业生涯上的一次极限挑战。

到底是什么造就了一代华为人呢？从徐家骏的个人成长中，我们似乎窥到了答案，那就是持续不断地刻苦攻关，夜以继日地钻研技术方案，开发、验证、测试产品设备……从入职华为开始，徐家骏就不断在工作中精进专业技能，积累丰富的实践经验，随着长期的累积，他在所属的岗位上解决问题、创造价值，有所成就。他具备了技术领域所必须具备的业务素质和能力，从一个入门的新人成长为了攻城略地的技术精兵，完成了个人的成长蜕变，也因此从同期入职的一众应届毕业生中脱颖而出。

徐家骏的个人经历为每一位职场新人提供了一个可效仿的成长路径，那就是在工作中，本着求真务实的精神，踏踏实实地精进专业技能，修习本职领域所需的基本素质和能力，使之达到一定的专业资质，方能最终实现脱胎换骨的蜕变。

（二）只有经历工作的锻造，才能顺利通过职场的考验

2012 年，美国摄影家亨利·路特威勒，历时四年跟踪拍摄纽约市芭蕾舞团，记录了舞者们台上、台下的真实生活，并将其中的 270 余幅照片结集成册。其中《芭蕾脚》的照片凭借强烈的视觉冲击而被人所熟知。照片中，舞者的左脚扎着绷带，伤痕累累；而另一只脚穿着精致的舞鞋，高雅美丽。展现了芭蕾舞者的极致艰辛与极致美丽。2014 年，华为买断了这幅照片的广告发布权，作为 2015 年度全球发布的主题广告，彰显着华为奋斗者追求极致，痛并快乐着的真实写照，宣示着华为用“一双烂脚”撑起连接世界的梦想。

芭蕾舞是高贵而典雅的艺术，庄重而优美，但它绝非轻易就能掌控，优美极致的芭蕾舞是舞者通过痛苦的磨难用汗水换来的，极致美丽的背后是艰辛的付出。没有那只伤痕累累的左脚，就没有芭蕾舞者的极致绽放。

其实，职业人专业技能的精进，如同艺术的修炼一样。如果没有经历痛苦的磨难，没有艰辛的付出，就不会有脱胎换骨的成长。

但很多职场新人，对于这场脱胎换骨的蜕变，抱着错误的认知和不切实际的幻想。他们认为专业资质是随着工作年限的增加自然而然获得的，认为工作

年限就等于专业资质，而不去全面地提升自己；或者是认为专业领域的成就有太多外在机遇的推动，总是寄希望于各种时机和捷径，却忘了自身踏踏实实地努力。抱有这两种想法的人，在各自的专业领域上大多碌碌平庸，始终无法得到质的提升。

作为职场新人，我们必须明白一个朴素的道理：**任何的成就都是磨出来的，专业资质也是在工作的淬炼中磨炼出来的。**职场新人只有在挑战和磨难中成长，才能在磨难中成熟。想要成为一名合格、胜任的职业人，没有一蹴而就、立等可取的捷径，唯有脚踏实地，一步一步经过工作的锻造，对自己的专业领域进行持之以恒的努力和精进，只有经历了极致艰辛的付出，才有可能获得相应的执业能力，完成个人的成长蜕变。

微信之父张小龙正是一步步经历了工作的锻造，从一名程序员成长为了互联网专业领域的领军人物。

1994 年，国内的互联网行业刚刚起步，研究生毕业的张小龙一人跑到广州投身互联网大潮，梦想开发一个属于自己的软件。当时，他利用休息时间，写出了邮件客户端软件 Foxmail。这款邮箱简洁而易用，最辉煌时拥有 200 多万用户。

2005 年，张小龙进入腾讯，开始了真正的蜕变之旅。进入腾讯后，他负责主持 QQ 邮箱的开发工作。在此之前，张小龙还只是一名具有技术天分的程序员，而 QQ 邮箱则是张小龙从程序员转型到产品经理的关键一环。

很快，张小龙研发的新一代 QQ 邮箱上线，但第二代邮箱速度极慢，随时会被卡死，甚至比之前“更烂”了。

张小龙的这次失败成为他的一次关键试错。之后，他选择把 QQ 邮箱的内核全部推翻，要求自己以及团队每天在网上搜集用户的体验反馈。

二 / 勇灭，始生

踏踏实实地经受工作锻造，是每一个职场人实现脱胎换骨的必经路径。这个锻造的过程，需要经历各种艰辛的付出。面对这种付出，部分职场新人会产生恐惧、退缩的念头，迟迟不敢行动，有的人则是走一步停三步，过程中不断地犹豫狐疑，不相信自己能靠着自己的努力在专业领域有所成就，从而错过了最佳的成长时机。在从学生向职业人转变的路上，只有足够勇敢的职场人，才能完成这场脱胎换骨的蜕变。而这种勇气就体现在敢于行动。

（一）空谈无益，勇在于工作行动

一位作家曾经在一次写作培训课上，讲述了这样一个故事：有一天，这位作家的哥哥坐在椅子前万分苦恼，因为他有一篇关于鸟类报告的作业没有完成。这篇稿子他已经拖了整整三个月，因为他不知道该如何动笔。他的父亲对哥哥说道："拿起你的笔，把此刻脑子里的想法写下来，然后一个字接一个字按部就班地写就行了。"这是来自父亲多年写作生涯的经验之谈，因为写作没有什么秘诀可言，解决"写不出来"的最好办法就是"写"这个动作本身。

放弃挣扎，直接开始写，哪怕就写一个字、一个词或者一个句子。因为只要有了第一步，就会有第二步、第三步。如果没有行动的第一步，任何事情都不可能完成。

写作是如此，对于职场新人而言，完成职业人的蜕变又何尝不是呢？我们想要具备一定的执业能力，就必须去付出艰辛的代价，去流血苦干。但很多人开始去做的时候，就会在权衡利弊上花费无谓时间，左思右想，脑中冒出诸多恐惧的念头和想法，总在心里告诉自己"这也太难了吧"，总在不断地暗示自己"我不行"，"我做不到"，害怕出错，害怕失败。所以，他们总是前一天雄心勃勃要大干一场，但第二天又像往常一样一切照旧，昨天的想法不再提及。所以，他们在专业技能上很难有进步。

在职场上，判断一个人能否成事的标准，最关键的一点就看他能不能马上开始行动。对于职场新人而言，当确定要通过流血苦干，让自己成长为一名职业人时，**就要排除一切外界的干扰以及内心的恐惧，说干就干，立即行动。**如果只是将蜕变的念头停留在脑海中，停留在口头上，空想不干，只说不做，那就只能被自己耽误，在职业上错过最佳的成长时机。

1950 年年初，中国第一批原画设计师陆青，在美术学院油画专业毕业后，成为了上海电影制片厂的一名动画设计师。

面试时，美术片组组长特伟负责对她进行考察。结束时，特伟诚恳地告诉陆青，动画不同于绘画，是一项相对枯燥的工作。因为动画工作讲究的是集体协作，不仅要求动画师熟练掌握各种绘画技巧，更要兼具戏剧表演方面的知识。他让陆青再考虑考虑，--个礼拜后再给他答复。

但陆青不在乎这些，回去之后她就打电话给特伟，她决心要参加动画制作工作。

进入片组后，真正的磨炼才刚刚开始。陆青需要从基础性工作描线、上色做起，并且开始拿着钢笔和颜料，照着其他优秀动画师的铅笔稿进行描绘。每天，她都坐在自己的办公桌前默默地钻研业务。

完成了两部影片的上色后，她开始研究前辈的画作，试着加动画。边学边做。慢慢地，她逐渐掌握了动画的基本原理和规律，加动画的质量越来越高。

1960 年夏天，陆青来到了《大闹天宫》的剧组，导演打算让她担任玉皇大帝角色的绘制工作。玉皇大帝这一角色不能有太多的肢体动作，这样才能更加符合他的尊贵感。面对这样高难度的角色，陆青想到入行以来她所有的坚持和付出，勇敢地接了下来，着手开始角色的绘制工作。

为了找到“玉皇大帝”角色的思路，她开始留心观察身边人的一颦一笑、一举一动。通过大量的观察，她受到了启发，开始从五官着手角色的变化。展现角色的高兴神情，她就从眼睛入手，把眼睛画细、画弯；展现发怒的神情，她就从眉毛入手，把眉毛画粗、画紧。

只要抓住“一刹那”的表情，表现就准确又生动了。通过自己的钻研与设定，陆青终于琢磨出刻画玉帝的诀窍，将玉帝刻画得活灵活现。

《大闹天宫》上映后，陆青的创作得到了极高的赞誉。而这部电影，也让她从一名稚嫩青涩的动画新手，成为了一名专业成熟的原画师，也让她在动画设计界站稳脚跟。之后，很多导演前来邀请她绘制动画，她先后参与绘制了《哪吒闹海》《天书奇谭》《雪孩子》《鹿铃》《三毛流浪记》等多部电影。之后，陆青一直坚守在动画设计的岗位上，她凭借着自己的技术和真诚，成为了中国最优秀的动画大师。

成功人士的成长路径总是多种多样，但又总是有迹可循。他们无一不是拥有一种特质：说干就干的行动力。正如陆青，她之所以能够从一名油画师转型成一名动画师，就在于她的说干就干。决心从事动画设计工作后，就开始付诸行动，描绘、上色，从基础工作做起，钻研业务，专业技能得到了飞速提升。在她的成名角色“玉皇大帝”的绘制中，她同样是靠着这种行动力，搞研究，细心地观察思索，才完成了这一角色的绘制任务，从一名新手，成长为一名备受业界认可的原画设计师。

对每一个职场新人而言，从学生到职业人的蜕变最关键的就是行动。只有先开始行动，才能一步一步形成职业惯性，推动我们去追寻心中的梦想。所以，当我们决定通过专业技能的精进，让自己成长为一名职业人时，就要立即去行动。当我们坚定地迈出职业步伐，耳畔就奏响了职业生命的新乐章。一点一滴的积累会逐渐凝成强劲的职业复利，推动职业之轮越转越快越强劲。

（二）疑行无成，勇在于当机立行

职业人的成长蜕变，是一个由量变到质变的积累过程。这个过程多半不会一帆风顺，需要克服艰难险阻，才能到达成功的彼岸。有的职场新人在开始的阶段，由于深知自身的不足，便沉下心来钻研业务。但坚持了一段时间，却发现自己的专业技能并未得到明显的长进。这个时候，有些意志不坚定的职场新人对于专业技能的精进之路就会产生动摇，一则开始怀疑这条路是否值得自己如此大的付出，二则不确信自己是否能够“啃下这块硬骨头”，达成目标。他们一旦有所怀疑，就会在犹豫中浪费宝贵的时间。

作为一名职场新人，我们必须明白：疑行无成，疑事无功。想要蜕变成为一名职业人，需要的是坚定无疑的行动。因为只有扎扎实实地精进钻研，历经量的累积，职场新人才能在自己的专业领域实现质的成长，达到一定的专业资质。所以，当我们决心去做的时候，不要有任何怀疑，朝着职业人的目标，坚定地行动下去。

职业人的战斗力源于所在领域的深度。任何职业的专精都需要持之以恒的意志，从入职门槛较低的“简单”职业到鲜能问津的“高精尖”领域概莫能外。在快递行业，就有一位快递分拣员李庆恒，通过持之以恒的坚定行动，从一名高中学历的新人蜕变成了国家认定的高层次 D 类人才。获得这一人才认定，李庆恒不仅可以享受 100 万元的购房补贴，还享受“杭州人才码”5 大类、27 类百余项服务。

2015 年，20 岁的李庆恒进入快递行业，成为了快递公司的一名分拣员。他每天的工作是寻找疑难件，在各网点间奔波，并负责上传快件扫描码数据。每年到“6·18”“双 11”等购物节，李庆恒需要去车间帮忙分发派送。

初入行时，李庆恒以为快递分拣员是一个不需要太多技术含量的工作。但随着工作的深入开展，他发现想要成为一名优秀的分拣员，需要一定专业技能做支撑，不仅要了解全国各个城市的区号、邮编等代码，还要能制订最优化的派送路线。意识到这一点后，李庆恒立即开始钻研业务技能，于是，公司领导推荐他加入公司快递行业技能比赛的团队。

之后，李庆恒开始了大量的比赛训练。每天不停地练习撕胶带、封箱。练习过程产生了一定的噪声。为了不影响邻居，他就把门窗关紧，尽量放慢速度，选择在特定的时间段练习。即使是这样，他的训练进度依然没有拉下。

但是，前期的努力并没有转化为成绩。李庆恒参加了几次比赛，但并未取得好的成绩，甚至没能完成项目。在 2018 年的比赛过程中，他没有及时将破损邮件抽检出来，线路设计得也非常不合理。

虽然历经了几场比赛的失利，但李庆恒对于参加职业技能比赛这件事，却从未有过犹豫和动摇，而是安下心来，更加坚定地苦练技能，进行集中训练。终于，大量的训练让他掌握了海量的专业知识和扎实的专业技能。固体胶、U 盘、打火机、人民币、乒乓球……他一眼就能从数百件物品中挑出来。对于最难的画地图部分，李庆恒总是能用最少的时间画出最优化的派送路线。在比赛中，李庆恒可以在 12 分钟内在电脑上完成 19 票件的派送路线设计。

终于功夫不负有心人，李庆恒靠着刻苦的训练，练就了扎实的专业本领。2020 年，李庆恒获得了浙江省第三届快递职业技能竞赛暨第二届全国邮政行业职业技能竞赛浙江省初赛的第一名，此赛事规格高、含金量足，也正是由于这项赛事，李庆恒获得了杭州市高层次 D 类人才的认定。

从一个分拣员新人到一个受到政府认定的专业人才，李庆恒的蜕变，正是靠着他的踏实苦干以及他坚定不移的行动。最初入行时，当他意识到分拣员是一个技术工种时，立即投身业务技能的钻研，苦练技术。在参加技能比赛过程中，面对几次比赛的失利，李庆恒始终没有一丝怀疑和动摇，而是更加努力地学习和训练，背诵各种区号和代码，练习封箱，学习各种派送路线，坚信自己一定能够达成目标。最终，学历、资历均不占优势的李庆恒实现了脱胎换骨的蜕变，成为一名快递行业的顶尖技能人才。

职业的发展只会眷顾那些勇敢者、行动者，而不会等待犹豫者、畏难者。想要在专业领域有所造诣，就只有通过坚定的立即行动，持续精进业务技能，才能一步步达成目标。过程中，犹豫不决、踟蹰不前，只会陷入无限的纠结和内耗中，削弱前进的动力。所以，不管我们从事哪一个行业，哪一个工种，只要选择了在某个领域精深细作，就不要怀疑，不要犹豫，不要观望，立即行动，坚定地走下去，直到实现职业人的真正蜕变。

三 / 尽灭，方生

经过持之以恒的努力，职场新人会在专业领域有所突破，表现在工作效率提高、工作质量提升、工作视野加宽和工作自信增强。多数职场新人会再接再厉，继续前行。但也有一部分会满足于此，停滞不前，陷入“行百里者半于九十”的泥沼，与“脱颖而出”的目标渐行渐远，为什么呢?

我们知道任何职业都是由诸多构成要素按其内在的特有规律有机组合而成。**要完成职业使命，需要其构成要素按其行业规律有序运行，如此方能达成既定目标。功能性的前提是要素齐备和结构完整。**职场新人欠缺积淀，尚不具备该领域所要求的全部知识技能和心智要素。工作机会有限，工作内容通常远未达到所属职业意味的“全场景覆盖”，对工作内容之间的内在关联无法形成深刻理解，导致前述的“有所突破”多局限在某些常见工作的例行操作层面。这种“有所突破”多是单点独线的、片面的和暂时的，缺乏系统的攻坚能力。也就是能做到“比着葫芦画瓢”，但无法“提笔成诗，泼墨成画”。若此时停步，自然无法“脱颖而出”。

这就像昔日我们想考上心仪的大学，就必须做到各科均衡发展，只有一两门功课优秀是不够的。再例如我们日常骑自行车，若想做到骑行自如，必须全面掌握启动、加速、左拐、右拐、刹车、停车、超车、避让和遵守交通信号所有技能。有任何“缺项”就会制造交通事故。所以，为达成“脱颖而出”的职业战略目的，职场新人在职业发展中一定要有“系统”的概念。用系统机制推动自己全面进步。

“尽灭方生”就是要求职场新人有宽阔系统的职业视野，朴素求真的学习作风，坚韧务实的自修毅力，引导自己系统全面地构筑执业能力，以期早日实现“脱颖而出”。**“尽”是指自修的内容要结构完整，系统全面;“灭”是指干净彻底地提升自己的不足，不留死角;“生”是指跨越这一职业发展必经阶段，完全掌握并驾驭该领域要求专业技能后的执业状态。**对问题形成独到见解，并系统解决深层问题，即哲学所称“实现了从必然王国到自由王国的跨越”。

（一）职场新人要脱颖而出，所有要素缺一不可

每一个行业，每一个专业领域，每一个职业都有各自要求的一系列知识技能要素。例如作为UI设计师，必须掌握Photoshop、Illustrator、After Effect等设计操作软件，具备色彩搭配、色彩心理学、字体设计、vi设计等设计理论知识，还必须同时具备产品交互思维、用户体验思维，并且熟知不同平台的设计规范。一个完全掌握上述技能和工具的UI设计师，才能充分运用手上的工具和所具备的设计能力，创造更多类别、更加丰富并且具有生命力的设计作品，才能在UI领域脱颖而出。任何行业、任何职业皆是同样的道理。

所以，作为一名职场新人，想要完成向职业人的华丽蜕变，就必须拥有结构完整的职业技能要素，才能确保工作质量，在效果和效率两方面展现实力，形成强大的竞争力，从而在众多的竞争者中脱颖而出。

互联网资深软件工程师李运华，正是通过全面精进软件开发所需的一系列专业技能，才在短短两年内，让自己从一名新人成为了一名“脱颖而出”的软件工程师。

李运华大学毕业后进入华为，成为一名初级软件工程师，负责核心网的系统开发工作。作为一名新手，李运华只负责全流程中的一个小模块，仅掌握了PHP开发技术，对团队的贡献较为有限。

李运华意识到，想要“脱颖而出”，只是掌握单一的PHP开发语言还远远不够，需要学习和掌握全流程相关的知识技能。于是他开始了解全业务流程所涉及的模块和系统，以及每个模块和系统所涉及的主要技术。针对软件开发所

需的一系列专业技能，他制订了详细的学习计划。每天下班时间，抽出固定的两个小时阅读专业书籍，浏览专业网站，读取技术大牛的经验分享。上班时，就抓住一切时机向团队的前辈请教学习，验证学习效果。每学习一项技能，他都会思考，此技能适用于哪些场景，具体解决哪些问题，并且会尝试写写 DEMO。通过自己的摸索学习，他熟练掌握了专业领域所需的 Python、C、C++、Java 等多种编程语言，以及具备了操作系统、数据分析能力。

此时的李运华，整体综合实力得到了质的提升，每当系统出现了问题，他很快就能知道问题出在哪个模块和流程，迅速模拟出一套处理方案。并且当他考虑设计方案时，不再仅仅局限于 PHP 本身，而是会换用 Nginx 或者 CDN 甚至前端。

一次，团队所负责的核心网出现了系统漏洞，领导召集团队成员排除故障。李运华第一个发现了漏洞所在，并且提供了解决方案。他的专业实力得到了领导的认可。两年之后，李运华“脱颖而出”，进入系统组成为了一名高级工程师，为他的职业发展之路开启了一个良好的开端。

正如前文所说，每个行业，每个专业领域，都有各自领域所需的一系列技能要素。只有构建全面的职业技能要素，才会让我们看待问题的思维和眼光更加系统、全面，从而提高工作的质量和效率。正如李运华，作为一名软件开发从业人员，前期在工作中只掌握了单一的 PHP 开发语言，导致个人的发展严重受限。于是，通过自己坚定的学习和磨炼，逐渐掌握了软件开发行业完备的职业技能，综合的专业实力得到了质的提升，让自己脱颖而出。

每一个合格的职业人都有着完备的职业技能要素，但不合格的职业人都各有各的问题。有的职场新人之所以迟迟不能实现质的突破，大概率是某些技能要素存在欠缺。同样以 UI 设计为例，如果只是熟练掌握了 PS 等单一的软件技能，远远不能满足不同设计和开发的要求，因为设计通常需要输出不同格式的素材，以便与上下游顺利进行对接。掌握单一技能的设计师，其上升的空间一定会愈加狭窄。

学如弓弩，才如箭镞。**只有有深厚扎实的学识积淀，才华之箭方能射得更准更远。**同样的道理，作为职业人，只有构建夯实、全面的职业技能要素，才能提高工作的胜任力，应对工作任务中的复杂挑战。所以，我们要有针对性地弥补自身在技能方面的欠缺，形成全面的职业技能结构。唯有如此，我们才能提高整体的专业实力，实现职业进阶。

在职业发展的道路上，专业技能犹如职业人的四肢，让我们在工作中处理问题、创造价值，在职业之路上前进发展。而职业人想要正确抵达专业领域的顶峰，**除了拥有强劲有力的四肢，还需要职业道德的指引，它是职业人的灵魂，指引着我们沿着正确的方向前进，不会走入歧途。**

在职场初期，很多职场新人历经持之以恒的努力，习得了完备的职业技能。但当他们在专业领域具备了一定的实力，工作中拥有了一定的话语权，部分职场新人开始在职业道德上出现摇摆。部分设计师开始抄袭和模仿，个别技术人员盗取公司机密等。一旦我们失去了职业道德的指引，随时会陷入职业的倾覆之地，而完备的职业技能也会失去用武之地。

2016年，阿里发生了一件因为抢月饼而导致五名员工被开除的事件。2016年9月12日，阿里的行政部在中秋节前夕，决定将为数不多的余量月饼通过内网面向员工以成本价销售。安全部的四位员工和阿里云安全团队的1名员工，用技术手段作弊，“秒到”了133盒月饼。随即，这五名员工被开除出公司。

叶敏是这五名被开除员工中的其中一人。叶敏，是“前”阿里云云盾的安全技术负责人。从进入阿里开始，就展现出了超强的技术天赋。凭借过硬的安全攻防技术，被称为制造网络安全的机械战警。他曾经带着他的 8 人团队阻击了无数次黑客对阿里云客户的攻击，完成了很多看似不可能完成的攻防任务。

在公司管理者眼中，叶敏是要升 P10 的专业人才，甚至被认定为阿里集团安全攻防技术上的第一人，更是阿里巴巴重点培养的对象。虽然关于叶敏的去留问题惊动了阿里巴巴董事局主席马云、CEO 张勇等核心管理层，但他最终还是得到了被开除的结局。

叶敏的专业技能完备且拔尖，但被开除，折射出的是职业道德的缺失问题。顶天立地是为工，利器入门是为匠。职业道德是我们作为一名职业人的核心灵魂，它来自对职业的敬畏和尊重。在职业道路上，有了职业道德的指引，我们才能正确地做人做事。

想要成为一名合格、胜任的职业人，在具备完备的技能要素的同时，更要坚守职业道德。当我们将职业道德落实为掷地有声的职业行动，我们才能沿着正确方向，在工作中焕发出强劲的生命力。

（二）职业性攻坚拔鼎之力，源于要素齐备无缺

“攻坚拔鼎”是“脱颖而出”的必备功绩，是职业人竞争力的外在表现。这种战斗力和“尽灭方生”的修行理念有何种程度的内在关系呢？

我们知道任何现存的职业都经历了产生、发展的过程，不会贸然横空出世。在职业本身发展的过程中会逐渐吸纳有利自身壮大的知识技能要素，并按其整体效用分配诸要素承载的负荷。随着职业本身的进化发展，其内部蕴含的要素及其联动载荷的方式会逐渐趋于稳定，这一优化过程，具有优胜劣汰的属性，表现在不专业的从业者总是会最终出局。

职业人攻坚拔鼎的力量取决于完整执业要素和精妙载荷结构的演化。前者是后者的前提。任何有教育背景的人都知道得 100 分的考生绝非仅比得 80 分的考生多掌握区区 20% 的知识点。事实上，前者可能站在“云上”，后者甚至无缘归入“良好”。云泥之别在于前者的“执业要素”更“完整”，没有缺陷。再例如，一辆缺一个轮子的汽车与其正常时相较，也不仅仅是慢 1/4，或少拉 1/4 货物那么简单，祸福陡转，因为前者相对于后者存在结构性缺陷，“构成要素不完整”。

在追寻“脱颖而出”的道路上，为什么要避免因“精进”不彻底而造成的“行百里者半九十”泥潭？

众所周知，职业有系统属性，职业人要想在从业中表现优异，必定是建立在系统的高质量输出上。系统只有在构成要素完备、内部结构合理有效时，才可能高效运转、发挥作用。当系统构成要件不完备时，就存在构成性缺陷，就像船体钢板上存在漏洞或裂缝一样。当船体高速运行时，系统载荷加大，在裂缝周围的应力就会骤增，壳体周围应变随之加剧，裂缝或漏洞随即扩大，导致整个船体断裂沉没，这种情形也是不专业从业者服务失效的真实写照。由于知识技能存在盲点，这些从业者无法准确感知将要出现的危机，这些通常是他/她从没有想到过的，更不要说采取有效措施加以解决。当危机现形时，通常已超出系统可调节的负荷，导致系统崩溃，造成不应有的损失。船体沉没因为构造不完整，知识技能不完备导致雇主或甲方利益受伤害，这是从业者提升不彻底、知识技能留有死角的结果。

关乎执业知识技能完备的讨论，可以指导我们规划出更安全有效的精进内容和策略，同时让我们更好地理解“脱颖而出”的操作机制。

所以，在职场初期，职场新人要持之以恒地努力。因为接下来，面临的是更加复杂艰巨的工作任务。我们应该继续前行，系统全面地构筑自己的职业能力。**全面修习专业领域内所需的所有技能要素，使之全面发展，齐头并进让自己实现从一个入门的新人到一个优秀职业人的跨越式发展。**在职业领域有所成就，实现人生的价值。

对于初入职场的新人来说，想要实现自身的成长，从学生转变为职业人，奋斗和贡献是两条最根本的路径。奋斗是做出贡献以及一切成就发生的先决条件。而职业人的奋斗过程，即是本着求真务实的精神，系统、全面地构筑职业能力，让自己从一个三无的职场小白成长为职业人的过程。

职场新人必须首先在内心明确，必须一步一步经过工作的锻造，付出艰辛，才能实现职业人的自由绽放，除此之外，别无他途。

同时，在开始的阶段，要排除一切外界的干扰以及内心的恐惧，说干就干，立即行动。在遇到艰难险阻时，毫不犹豫狐疑，朝着职业人的目标，坚定不疑进行专业技能的精进之路。并且，当自己在专业领域实现了单点、片面和暂时的突破后，继续行进，系统地构筑职业能力，全面掌握并驾驭该领域所要求的专业技能要素，从而达到“干一行，专一行”的境界，直至实现职业人的大跨越发展。

当然，在向职业人蜕变的过程中，我们会经历很多的苦难、挫折和诱惑。希望每一个职业人都能挺过这些艰难时刻，而这也是本书的意义所在。这本书将会陪伴着我们经历这么一个过程，指引着你明确职业方向，明确做工作的思维方式和认知心态。

希望这本书能带来关于职场的些许启发和思考，也希望通过这本书，读者们能找到自己坚定的职业发展方向，在工作的锻造中，蜕变成一名职业人，也衷心地祝愿每一个职场人在职场、在人生脱颖而出。

【本节要义】

1. 职场新人，唯有脚踏实地对专业领域进行持之以恒的努力和精进，一步一步经过工作的锻造，才能实现从学生到职业人的蜕变。

2. 在锻造的过程中，需要做到以下几点：

（1）排除外界的干扰及内心的恐惧，说干就干，立即行动。

（2）在遇到艰难险阻时，没有任何怀疑，始终朝着职业人的目标，坚定无疑地行动下去。

（3）本着朴素求真的学习作风，坚韧务实的自修毅力，让自己系统全面地构筑执业能力。

（4）全面修习专业领域内所需的所有技能要素，全面发展，齐头并进，真正实现从一个入门的新人到一个优秀职业人的跨越式发展。

【思考题】

1. 脱颖而出是过程还是结果，为什么？

2. 脱颖而出是职场标靶还是副产品？

3. 您打算如何脱颖而出？

跋

“脱颖而出”者都有一个共同点：靠着自己的双手，开拓出自己的命运。面对困苦和挫折，都展现出矢志不渝的风骨、非凡的气魄和与时俱进的勇气。

“脱颖而出”是诸多要素有机结合、协同联动、系统推进的结果。是从感性走向理性，从蒙昧迈向光明，以禁锢奔向自由的飞跃，把我们从冰冷幽暗的洋底拉回明媚奔腾的海面，与世界相连，跨入全新的职业发展境界。

“脱颖而出”是花开时分。前提是栽过花、浇过水、剪过枝、施过肥，一切就绪，便可静待花开。您闻到花香了吗？

每段阅读都是一段难忘的旅程。感谢您的耐心和垂爱。因水平有限，不足之处请您包涵指正。

2021 年 6 月